化学新概念拓展

韦吉崇 著

中国石化出版社

内 容 提 要

本书为基础教育化学微观内容的新概念拓展，把现有的微观化学知识和经验由浅入深进行重新组织和解读，给读者呈现一个系统的、有逻辑性的微观化学知识体系。本书内容更多是作者本人的学术观点，为提高中学教师与学生的微观化学素养而编写，不作为作业或考试答题的知识标准。

本书既可以作为中学生的课外读物，也可以作为中学化学教师的教学参考书。

图书在版编目（ＣＩＰ）数据

化学新概念拓展 / 韦吉崇著. — 北京：中国石化
出版社，2023.1
ISBN 978-7-5114-6944-1

Ⅰ．①化… Ⅱ．①韦… Ⅲ．①化学—普及读物
Ⅳ．① O6-49

中国版本图书馆 CIP 数据核字（2022）第 246455 号

中国石化出版社出版发行
地址：北京市东城区安定门外大街 58 号
邮编：100011　电话：（010）57512500
发行部电话：（010）57512575
http://www.sinopec-press.com
E-mail：press@sinopec.com
北京科信印刷有限公司印刷
全国各地新华书店经销
*
710×1000 毫米　16 开本　11 印张　162 千字
2023 年 2 月第 1 版　2023 年 2 月第 1 次印刷
定价：68.00 元

前 言

P R E F A C E

初中阶段学习化学更多是一种美好的感性体验，学生用各种感官来认识化学：眼睛可以看到铁在氧气中燃烧的现象——绚丽的火星四射；鼻子可以闻到二氧化硫的刺激性味道；耳朵可以听到不纯净氢气燃烧的爆鸣声；用手可感觉氧化钙溶于水后烧杯壁的发烫。当学生初次接触化学时，老师就像魔术师，经常给学生展示魔术般的实验，那时学生觉得化学是有趣的、吸引人的。

然而，宏观现象只是化学的一面，它还有另一面是微观本质。探索化学的微观本质是化学学科研究的前进方向，因此从微观角度来学习化学是学科的基本要求。由于微观肉眼不可见，所以微观化学知识要借助一些可视化模型为媒介来解释说明。而理解可视化模型与微观化学知识之间的关系需要抽象思维，需要学生有丰富的想象力，这对初中生来说有一定难度。目前国内初中阶段化学课程对微观化学知识要求较少，主要为理解原子、分子、相对原子（分子）质量等概念，掌握一些简单的模型，如原子结构示意图等。总体上，初中阶段学生建立的微观化学基础较薄弱，这样一到了高中，当学生面对接踵而来的物质的电离、离子反应、氧化还原反应的电子转移、物质的量、摩尔质量和摩尔体积等微观化学概念时，学习会很吃力，导致他们对化学的兴趣逐渐减弱。

不管是从化学"在原子、分子层次上研究物质的组成、结构、性质、转化及应用的科学"的学科特征，还是从普通高中化学核心素养"宏观辨识与微观探析"考虑，要学好化学都必须具有扎实的微观化学基础。对于那些对化学具有特殊兴趣或具有天分的初中学生，也应该有一些适合现阶段他们学习能力的课外自学书籍，帮助其夯实微观化学基础，让其在学习化学方面有个较高的起点并更快地发展。本书是基于此目的而编写的。

本书不是独立的知识发展体系，而是在初中化学教材与课标的基础上进行拓展编写的。一方面，会对目前一些初中化学教材的概念进行深入讲解；另一方面，会提出并解读目前初中化学教材没有的新概念（这里"新"的含义不是前所未有，而是原有经验的新组织或原有初中化学课标外的新要求，仅作为参考，不作为作业或考试的解答标准）。本书拓展的新概念主要有原子的主基因与次基因、物质微元、阿伏伽德罗数值、标准质量、相对微元质量、原子（拟原子）的聚集与分离、分子型与非分子型纯净物、原子的变形、化合价新定义和微观单位反应等。这些概念能帮助初中生更好地理解微观化学知识，在进入高中后能很快适应高中化学的学习。

　　本书既可以作为中学生的课外读物，也可以作为中学化学教师的教学参考书，相信本书能提高师生对微观化学知识的理解，促进对化学的学习或教学。

　　由于本书的编写方向较新，可参考的类似书籍较少，此外尽管作者本人已经精益求精，奈何水平有限，因此在编写过程中难免出现缺点和不足，欢迎读者在阅读过程中批评指正。

韦吉崇 E-mail:wjcnju@hainnu.edu.cn

2022年12月15日于海南师范大学

致 谢

THANKS

本书的编写受到以下项目经费的资助：

（1）中国化学会化学教育委员会"十三五"规划课题"基于微观化学素养培养的初中化学新概念的研究与实践"（HJ2020–0055）；

（2）海南省高等学校教学研究与改革课题"基于卓越教师培养的化学专业硕士教育实践模式的研究与实践——以海南省教师教育改革与创新试验区（儋州市）为例"（Hnjg2020–51）；

（3）2020年海南省普通高校"双一流"建设项目——教育学；

（4）海南师范大学国家一流本科化学专业建设项目。

本书的编写过程中，海南省琼海市中学化学刘顺清"名师工作室"成员提出了很多宝贵意见。本人所带的研究生吴昊、王秋琪、胡明礁、黄温惠、邓芳荞和彭崇玉参与了本书的校对。

在此对以上机构及个人表示衷心的感谢！

此外，本书作者为了更好地解释知识，借用了网络上一些未知作者的图片，在此对这些作者表示感谢！

目 录

C O N T E N T S

第1章

构成化学物质的最小单位——原子

1.1　化学物质

各种各样的物质存在于我们周围。看得见的白云，看不见的空气；闻得到气味的醋，闻不到气味的水；听得到爆炸声音的鞭炮，听不到变黄声音的叶子；柔软舒适的橡胶鞋底，坚硬硌脚的小石头；等等。物质是多种多样的，性质也多种多样，它们构成绚丽多彩的世界。科学是研究原有物质和创造新物质，可以从物理、化学、生物和地理等角度来研究，因此产生了不同的学科。在本书中，化学物质指的是在化学研究视角下的物质。如果不特别说明，本书中所说的物质默认为化学物质。

1.2　物质的分解及"原子"的由来

浩瀚的宇宙（见图1.1）由无数的星系组成，其中的银河系又分为太阳系和其他星系，太阳系又分为地球和其他星球，而地球又分为陆地和海洋，海洋主要分为水和盐，盐粒可以碾成盐末。一粒小得几乎看不

图1.1　宇宙模拟图片

见的盐末再分下去肯定看不见了，那这些看不见的东西会是什么呢？

每个人都有童年，童年是爱幻想的。如图1.2所示，小明小时候就曾

经有过这样的幻想：假设把一张和我一样高的正方形纸剪成四个小正方形，然后我变成小正方形一样高，再把其中一个小正方形剪成四个更小的正方形，接着我又变成新的小正方形一样高，再继续剪继续变，如此重复，这张纸能无限剪下去吗？

图1.2　小明的幻想

大约2500年前，古希腊的哲学家留基伯早就有类似小明的冥想：任何物质分割都不能永远继续下去，迟早会达到不可能再分割的地步。他的学生德谟克利特在此基础上进一步冥想：物质分到最后不能再分的单位就叫原子。原子，希腊语为"ἀτομος"，意为"不可分割"，英文名称为"atom"。留基伯和德谟克利特画像如图1.3所示。

图1.3　留基伯与德谟克利特师生俩

虽然留基伯对原子概念的产生也做出贡献，但世人公认德谟克利特是原子概念的最早提出者，即"原子之父"。如果德谟克利特知道小明的幻想，会告诉他："纸剪到原子大小后就不能再剪了！"

1.3　原子——构成化学物质的最小微观单位

"1"是自然数最小的单位，自然数"16"可以分解为2个"8"、4个"4"、8个"2"和16个"1"，分到"1"这个最小单位后就不能再分了，再分下去就不是自然数而是小数了。同样，人们研究发现，盐末继续分下去得到宏观上肉眼观察不到的微观粒子——氯原子和钠原子。在化学的研究范畴里，原子就像自然数"1"，是构成物质的最小微观单位，不能再继续分下去，再分就不属于化学研究的范畴，而是物理研究的范畴。因此在化学中，把任何物质分解到最后得到的最小微观单位就是原子。例如：

把水分解到最后得到的是氢原子和氧原子；

把氯化钠（食盐）分解到最后得到的是氯原子和钠原子；

把蔗糖分解到最后得到的是碳原子、氢原子和氧原子；

……

如果把物质看成是城墙，那原子就是建造城墙的砖（见图1.4）。

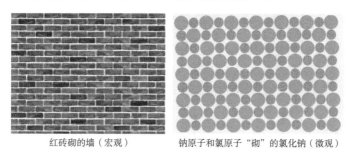

红砖砌的墙（宏观）　　钠原子和氯原子"砌"的氯化钠（微观）

图1.4　宏观建筑与微观"建筑"

你周围一切物质都是由各种各样的原子构成的，无论有生命或无生命、有形或无形、运动或静止等。包括你自己，大约由10^{28}个不同种原子构成。所以，在化学世界中，原子构成了万物。

1.4　化学变化——原子的重组

小时候，你可能看过或亲自玩过七巧板拼图，7张固定的不同形状的板，可以拼出多种多样的造型（见图1.5）。

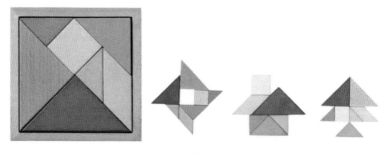

图1.5　多种多样的七巧板拼图

如果把7张板比作7种不同的原子，则不同的拼图代表由这7种原子构成的不同物质。目前发现的原子（元素原子）不止7种，而是118种。从118种原子中拿出一种或多种原子出来"拼图"，可以想象这样的"拼图"（物质）的数量是多么巨大。据说人类已经发现的物质超过3000多万种，这些物质都是由118种原子中的部分原子"拼"成的。如碳和氢两种原子，可以"拼"出成千上万种有机物，简单的物质如图1.6所示。

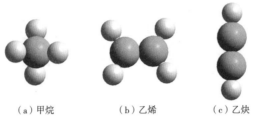

（a）甲烷　　　　　　（b）乙烯　　　　　　（c）乙炔

图1.6　碳原子和氢原子"拼"出来三种简单物质
● 碳原子；● 氢原子

当把一种七巧板造型换为另一种七巧板造型时，要先把旧的七巧板打乱，再重新拼接。同理，当一种物质转化为另一种物质时，构成旧物质的原子要分离，再重新组合成新的物质。推广到多种物质转变为多种物质时也是一样的道理。由于化学变化的特征是有新物质生成，因此，化学变化相当于构成旧物质的原子分离后再重新组合成新物质的过程，如图1.7所示。

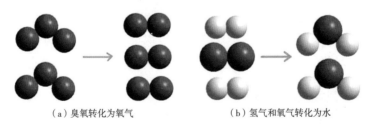

（a）臭氧转化为氧气　　　　　　（b）氢气和氧气转化为水

图1.7　物质的转化，原子的重组
● 氧原子；● 氢原子

图1.7（a）只涉及一种原子（氧原子）的重新组合，物质从一种物质臭氧转化为另一种物质氧气；图1.7（b）涉及氢原子和氧原子两种原子的重新组合，物质从氢气和氧气两种物质转化为水一种物质。

　　研究原子的重组规律有助于创造新的有特定用途的物质，可以促进社会的进步，改善人类的生活。

自我检测一

一、判断题

1. 古希腊哲学家德谟克利特是"原子之父"。　　　　　　　　　　（　　）

2. 原子是自然界中最小的微观粒子。　　　　　　　　　　　　　（　　）

3. 一种原子只能构成一种物质。　　　　　　　　　　　　　　　（　　）

4. 化学变化一定发生了原子的重组。　　　　　　　　　　　　　（　　）

5. 液态水变成固态冰的过程中，原子发生了重组。　　　　　　　（　　）

第2章

原子画像

🔬 2.1 原子的早期画像

图2.1 画出来的"风"和"冷"

图2.2 人们早期对原子的想象

我们看不见风，也看不见冷，但不妨碍我们把它们形象地画出来，如图2.1所示。同样，人们也可以通过想象把肉眼看不见的原子形象地画出来。

虽然德谟克利特认为原子形状不统一，有球形的、凹形的甚至带钩的（摘录自百度文库：《德谟克利特——原子的原理》），但人们总是把它想象成一个完美的实心球体，坚硬，永远砸不烂，一个完美的存在。原子构成了人们的身体，人们自然把它想象成自己喜欢的样子（见图2.2）。

🔬 2.2 原子的近代画像

早期人们对原子的理解更多是感性的，从18世纪末开始，人们逐渐从科学角度认识原子。1897年汤姆生发现了原子中有电子；1911年，卢瑟福发现原子存在原子核，1919年他继续发现原子核中存在质子；1932年，查德维克发现了原子核中存在中子（见图2.3）。

6

图2.3 对人类认识原子结构贡献较大的三位科学家

以上三位科学家的研究结果可总结如下：

原子可以分为原子核与核外电子，原子核可以进一步分为质子和中子（氢原子核除外）。

研究至此，人们头脑中的原子不再是一个实心小球，而是含有电子和原子核（包含质子与中子）的一个全新的微观单元。如何形象地描述它呢？按时间顺序，科学家们给出了原子的几个经典的近代画像。

2.2.1 汤姆生的枣糕模型

汤姆生认为，原子核像个圆圆的蛋糕球，电子像嵌在蛋糕球上的一个个枣粒，这就是汤姆生给我们描述的原子的画像，俗称枣糕模型（见图2.4）。汤姆生在思考原子结构时是否碰巧看到一个枣糕而产生灵感，这个不得而知，但他提出的这个枣糕模型确实通俗易懂，让人印象深刻。

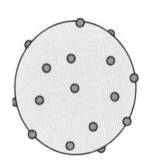

图2.4 原子枣糕模型

2.2.2 卢瑟福的行星绕太阳模型

在太阳系里，太阳是中心，所有行星绕着太阳周而复始地转动。受这个启发，卢瑟福认为在原子里，原子核就像太阳，电子像行星一样绕着原子核转动，如图2.5所示。这个模型称为行星绕太阳模型，是卢瑟福所作的原子画像。

卢瑟福的模型联系宇观的太阳系和微观的原子结构，虽然格局大，但遭到的质疑也不少，而且质疑者有科学根据。由于这些根据涉及大学的物理知识，比较深奥，这里不做具体介绍，只能打如下比方：

物理学认为电子不能维持这样的运动，就像往天上抛的球不能一直维持在空中而不下落一样。

图2.5　原子行星绕太阳模型

2.2.3　玻尔的定态模型

卢瑟福有一位学生叫玻尔，玻尔在他老师的基础上提出了如图2.6所示的原子画像，即定态模型。这个模型虽然看上去与行星绕太阳模型相差无几，但玻尔的先进之处是他提出了前人没想到的"定态"的概念。"定态"概念可以算作科学史上的奇思妙想之一。

当地球在固定的轨迹绕着太阳转动时，其轨道运动可以认为是地球的"定态"。同样，当电子绕着原子核转动时，其固定的环

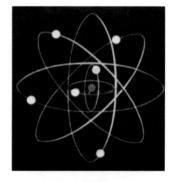

图2.6　原子定态模型

形轨道运动就是电子的"定态"。如果"定态"的解释到此为止，那也平平无奇，但聪明的玻尔大胆猜想：一个电子可能存在很多"定态"，而且电子的不同"定态"之间可以相互转变。当电子从能量低的"定态"变为能量高的定态时，要吸引能量（以光的形式）；当从能量高的"定态"变为能量低的"定态"时，要放出能量（以光的形式）。假设地球也像电子，那么它的运转轨迹可以改变，其环形运动轨迹半径可能突然变大或变小。当然地球不会这样，否则后果不堪设想。

简而言之，虽然玻尔模型和卢瑟福模型都认为电子绕原子核转动，但玻尔更进一步，认为电子的绕核轨迹是可以突变的。

⚛ 2.3　原子的现代画像

进入现代，随着研究的深入和实验技术的发展，科学家发现原来的原子画像都不科学，主要是这些画像对原子核周围的电子运动的描述与现代物理学相矛盾，因此现代原子画像主要解决原子核周围电子运动的性质问题。在不受外来因素影响时，电子就像被太阳束缚着的地球，只能在原子核周围运动而不能逃离原子核。如果电子这种运动不是像行星一样绕着原子核运动，那它是怎样的一种运动？它的运动具有什么样的轨迹……这些问题困扰了科学家们。经过理论的推导和实验的探索，科学家们在事实证据的基础上揭示了原子核周围电子的运动特点，并根据这些特点最终得到了现代原子画像。

2.3.1　原子核周围电子运动的特点

（1）没有运动轨迹

"雁过留痕，风过留声。"没有轨迹的运动，在现实生活中不可想象，这只能在神话中的孙悟空身上出现。在图2.7中，调皮的孙悟空一会儿出现在唐僧左边，一会儿出现在唐僧右边，不断反复。但他是怎么换位的，我们看不到，即他的移形换位没有轨迹，此即所谓的"神出鬼没"。

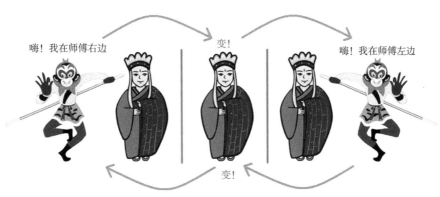

图2.7　孙悟空的"移形换位"戏法

电子虽不是神仙，但用"神出鬼没"形容它的运动不算夸张。电子运动没有轨迹，这是大多数人都难以相信的事实。有人会辩解说："电子肯定有运动轨迹，只是太快了看不清而已。"这只是我们生活所在的宏观世界限制了我们对微观世界的想象。对于电子运动，目前科学家都公认它是一种不同于宏观物体运动的特殊运动，其特殊性之一即没有运动轨迹，这既有理论的证明也有实验事实佐证。由于过于深奥，这里不做介绍。

（2）一电（子）成云

当一棵树不停地生长，它的枝干不断地向四面八方延伸，总有一天会长成一片森林，如图2.8所示印度豪拉植物园里的超级大榕树。这就是所谓的"一木成林"。那"一电（子）成云"是什么意思呢？

图2.8 "一木成林"的榕树

在图2.9中，静止的风扇看起来是三片彩色扇叶，而转动的风扇看起来是三个彩色圆环，这是为什么呢？

 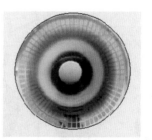

（a）静止的风扇　　　　　　（b）转动的风扇

图2.9 静止的风扇和转动的风扇

物体在人眼成像的残留时间约为0.1s，当物体的位置变化很慢时，在0.1s内位置基本不变，此时人眼能看得清物体。但如果物体的位置变化很快，在0.1s内，人眼看到的是物体在多个位置图像的叠加，即一条模糊的运动轨迹，如图2.9所示转动的彩色风扇叶片。

电子运动没有轨迹，它可以"神出鬼没"出现在不同位置。假设人的肉眼可以看到电子（事实上不可能），在0.1s内人的眼睛可以看到约10^{13}个不同位置电子的图像的叠加，如图2.10所示。

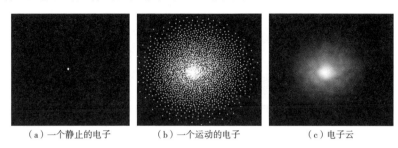

（a）一个静止的电子　　　（b）一个运动的电子　　　（c）电子云

图2.10　想象中某个电子静止和运动的图像

图2.10（a）是一个静止的电子（事实上电子不可能静止，只是为了方便对比而做的假设），图2.10（b）是约10^{13}个不同位置电子的图像叠加。注意：虽然你看到密密麻麻的电子，实际上只有一个电子。当然，这些叠加的图像停留在人的眼睛里不会像图2.10（b）那么清晰，而会虚化为如图2.10（c）中的一个云团，该云团称为"电子云"。此即"一电（子）成云"的来由。

注意：电子云不是真实存在的，它只是科学家对抽象的电子运动的形象类比。抓住抽象事物的主要特征而把它进行形象类比是科学研究方法之一，该方法在自然科学研究中比较常见。

电子没有运动轨道，它可以通过超高速的"移形换位"形成"一团云"，看似杂乱无章、毫无规律。然而，电子运动还是有规律的，其规律之一就是电子云团的形状。有的电子的云团形状为球形，有的为哑铃形，有的为花瓣形，等等，如图2.11所示。

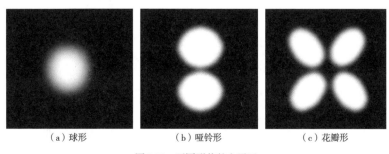

（a）球形　　　　　　（b）哑铃形　　　　　　（c）花瓣形

图2.11　不同形状的电子云

2.3.2 现代原子画像

图2.12 原子现代简化画像

电子的运动没有轨迹，只能用电子云的形象方式来描述，这是现代原子研究的重大发现之一，因此现代原子画像必然把这个特征表现出来。图2.12是一张简化版的原子的现代画像。

图中，中间的小黑点是原子核（事实上，相对于电子云，原子核是小到看不见的，画出来是为了表示它的存在），包裹着原子核的白色云团是核外电子运动形成的电子云。实际上，原子的电子云形状是多种多样的，而且电子云也有疏密之分。图2.12把电子云画为球形，同时没有体现疏密之分，只是方便初学者理解而做的简化。

图2.13 裹着一团大气层的地球

看到原子的现代简化画像，你会联想到自然界中的什么事物？它像不像图2.13中我们所居住的被大气层包裹着的地球？

2.4 原子在化学变化中不可再分

看到了现代的原子画像，你也可能产生一个疑问：既然原子核含有质子和中子，为什么画原子核时不把它们画出来呢？

如果原子核画出了质子和中子，则结果如图2.14所示。该图展示的是某种原子的原子核。虽然这样的原子核看起来更加具体，但画起来过于烦琐。不过，麻烦不是不画出质子和中子的主要原因，主要原因是原子（核）在化学变化中不可分裂。

图2.14 某种原子的原子核
●质子；●中子

地球可以先分为球体和球体外的大气层，接着球体又再分为地核、地幔和地壳，如图2.15所示。当地理学上研究地球外部的运动时，研究人员只关注大气层和球体，不会去关注地核、地幔和地壳，尽管他们知道球体是由这三部分构成的。但如果要研究地球的内部运动，如地壳的变动、板块的碰撞和地下火山的喷发等，那就需要关注这三部分。这属于研究范畴的不同。

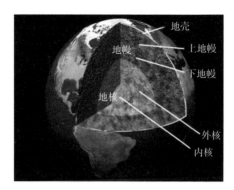

图2.15　地球的结构

原子核中质子和中子之间结合力很强，就像地核、地幔和地壳之间的结合一样。在现实世界里，你不会担心地球会突然分裂为地核、地幔和地壳三块；在化学变化中，你同样不用担心原子核会分裂为质子和中子，因为化学变化中的外力不足以把它们分开。换句话说，在化学变化中，原子核始终作为一个坚实、牢固的整体而存在，因此可以直接用一个实心球（或圆点）来表示，没必要把质子和中子表示出来，如图2.16中的解释一样。

老师，我觉得原子核就像石榴，质子和中子就像里面的石榴籽。请问原子核中的质子和中子能像石榴籽一样可以剥下来吗？

你的比喻很形象，非常生动。原子核中的质子和中子是可剥离的，但这属于物理变化，不是化学研究范畴。化学研究到石榴为止，不会研究怎么剥开石榴籽，知道它由质子中子构成就可以。所以，化学研究的最小粒子是原子。

图2.16　原子核与石榴类比

既然化学变化中原子核不会破裂，是否可以说明化学变化中原子保持不变？答案是否定的。你还记得包裹着原子核的电子云团吗？你千万不要忽略它。在化学变化中，电子云不像原子核一样保持不变，相反它的形状、疏密分布和空间取向都会发生变化。就像大气层的变化引起天气的变化，化学变化也会引起电子云的变化。电子云的变化只是形象的说法，更专业的说法是原子核周围电子运动状态的改变。

图2.17　原子简笔画

图2.18　大气层与地球的相对厚度

图2.19　原子简笔画（带核）

🔆 2.5　原子的简笔画

如果让你画出图2.12中的现代原子画像，你可能会觉得为难，因为那团朦胧的电子云不好画出来。但没关系，你可以按图2.17轻而易举地画出原子的简笔画。看了这个图，你可能产生这样的疑问：原子包括电子云和原子核，如果这个圆圈是原子核，那电子云在哪？如果这个圆圈是电子云，那原子核在哪？

地球的半径约6000km，大气层主体的厚度约1000km，前者是后者的6倍左右（见图2.18）。一般原子电子云球形轮廓半径约为10^{-10}m，原子核的半径约为10^{-15}m，前者是后者的10^5倍。按同一比例尺两者难以同时画出。由于化学中原子的大小以其电子云轮廓半径来决定，因此为了方便比较原子大小，规定原子简笔画中的球形表示电子云轮廓。当然，有时因为研究的需要也会同时画出电子云轮廓和原子核，如图2.19所示。显然，该图中心的小圆点即原子核（注：原子的电子云轮廓指的是以原子核为球心的球形，在该球形范围内电子出现的概率为90%或更高标准值）。

⚛ 2.6 "核在原在，核裂原无"

原子包括原子核与核外电子（在核周围运动的电子）。在外界的影响下，电子的运动状态会发生改变，造成原子的电子云形状的变化。当原子的电子云形状变化了，原子还是原来的原子吗？

昨天黑云压山，风雨交加；今天晴空万里，春风拂面。尽管两天内天气极端变化，但你不会觉得地球不是地球了，因为球体才是地球的主体，只要它还在，地球就在，不管大气层如何变化。2021年，中国宇航员刘伯明从空间站出舱与地球拍了一张激动人心的绝美合影（见图2.20），把这个伟大壮举进行了定格。他从太空中能看到完整地球。他知道，不管地球表面的云图如何变化，只要这颗巨大的蓝色球体还在，家园就在，时间一到他就可以重返家园，不用担心永远在太空流浪。

图2.20　宇航员刘伯明在太空中与地球的合影

同样，原子核是原子的主体，不管电子云如何变化，只要原子核在，原子就在。反之，如果原子核分裂了，原来的原子就不存在了，即"核在原在，核裂原无"。

科学家寻找某种原子，只要找到该原子的原子核，他就能确定该原子存在而不需要关心此时原子的电子云是何种形态。因此，化学中提到的"原子"一词有时往往指的是"原子核"，目的是省去补充描述该原子当时电子云形态的麻烦。

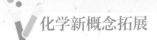

自我检测二

一、判断题

1. 所有原子的原子核都含有中子。　　　　　　　　　　　（　　）

2. 玻尔原子模型的先进之处是首先提出了"定态"的概念。　（　　）

3. 电子云是由大量的电子聚集在一起而形成的云团形状。　（　　）

4. 原子核外每个电子的电子云形状不完全相同。　　　　　（　　）

5. 原子的大小指的是原子核的大小。　　　　　　　　　　（　　）

二、选择题

1. 首先发现电子的科学家是　　　　　　　　　　　　　　（　　）

　　A.汤姆生　　　　B.卢瑟福　　　　C.查德维克　　　D.玻尔

2. 下列哪张图是原子的现代画像？　　　　　　　　　　　（　　）

A.　　　　　　B.　　　　　　C.　　　　　　D.

3. 已知碳原子、氮原子和氧原子的大小逐渐减小，请问下列哪张图正确表示这三种原子（从左至右分别为碳原子、氮原子和氧原子）？　（　　）

A.　　　　　B.　　　　　C.　　　　　D.

第3章
原子家族

3.1 原子的主基因与原子家族（元素）

一个人类家族的父系都具有同一种Y染色体，这是一个家族男性的基因。同样，原子也有基因，它的主基因是其原子核的电荷数或质子数。科学家研究发现，具有相同核电荷数（原子核所带正电荷数，数值上等于质子数）的原子具有相同的化学性质，他们把这一类原子归为一个家族，称为原子家族。由于原子的主基因是核电荷数或质子数，也可以说，主基因相同的原子属于同一原子家族。原子家族的专业名称就是初中化学中学习的"元素"。在本书中，原子家族在概念上等同于元素。

3.2 原子家族的名称与记号（元素名称和元素符号）

同一原子家族的原子主基因是相同的，人们对不同主基因的原子家族（元素）进行了命名（元素名称）并做记号（元素符号）。比如，主基因为1~20的原子家族的名称和符号如表3.1所示。

表3.1　核电荷数（或质子数）为1~20的元素名称和符号

核电荷数或质子数 （原子家族主基因）	元素名称 （原子家族名称）	元素符号 （原子家族记号）
1	氢	H
2	氦	He

核电荷数或质子数 （原子家族主基因）	元素名称 （原子家族名称）	元素符号 （原子家族记号）
3	锂	Li
4	铍	Be
5	硼	B
6	碳	C
7	氮	N
8	氧	O
9	氟	F
10	氖	Ne
11	钠	Na
12	镁	Mg
13	铝	Al
14	硅	Si
15	磷	P
16	硫	S
17	氯	Cl
18	氩	Ar
19	钾	K
20	钙	Ca

图3.1是表3.1中20种原子家族（元素）的卡通形象及自我介绍，希望它们能给你留下深刻印象。

别看我最"氢"
宇宙我最多

"氦"！α粒子流是
我原子核在飞

手机电池"锂"
生电要靠我

图3.1　核电荷数为1~20的元素的卡通形象及自我介绍

我"铍"肤太嫩
酸碱都溶我

"硼"友，手上沾上碱
记得用"硼"酸

我做的钻石
见者都赞"碳"

"氮"使土壤有我在
定教树木绿成荫

地壳我最多
万物我来"氧"

牙齿少了我
没有了口"氟"

吾"氖"稀有物
用在霓虹灯

如果没有我
"钠"世界无咸味

"镁"光灯一照
看我"镁"不"镁"

我"铝""铝"火上烧
熔化却不滴落

电脑芯片里
我王者"硅"来

土壤缺了我
树木难成"磷"

火山爆发后
喷口"硫"下我

当我成气体
就变黄"氯"色

空气中的稀有气体
含量最高是我"氩"

焰色反应现紫色
证明是我不"钾"

想当"钙"亚奥特曼
首先得要补点"钙"

图3.1 核电荷数为1~20的元素的卡通形象及自我介绍（续）

目前，人们已经发现了118种原子家族（元素），主基因（核电荷数）为从1到118。这118种元素组成了绚丽多彩的化学世界。

3.3 人体里的原子家族（元素）

元素组成了世界，也组成了你和我。你一定很好奇你的身体里"住"着哪些原子家族，它们分别占多大比例。

人体里含有50多种元素，其中含量（质量分数）超过0.01%的原子家族称为常量元素，含量小于0.01%的原子家族称为微量元素。人体中的常量元素主要有氧（O）、碳（C）、氢（H）、氮（N）、钙（Ca）、磷（P）、钾（K）、硫（S）、钠（Na）、氯（Cl）和镁（Mg）等11种元素。微量元素主要有铁（Fe）、钴（Co）、铜（Cu）、锌（Zn）、铬（Cr）、锰（Mn）、钼（Mo）、氟（F）、碘（I）和硒（Se）等。这些元素的质量占比如图3.2所示。

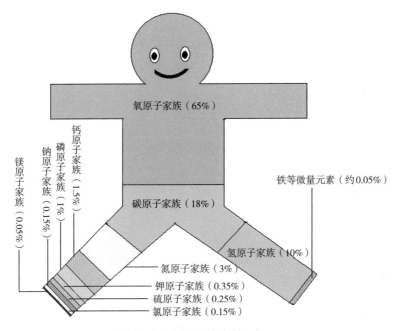

图3.2 人体中元素的近似质量占比

人体中某些元素要维持一定的含量才能保证身体健康地运转，一旦缺少它们则身体会出问题。如表 3.2 所示，缺铁人会贫血，缺钙人会骨质疏松，缺锌人会发育迟缓，等等。

表 3.2　缺乏某些元素对人体健康的影响

缺乏的元素	对人体健康的影响
钙	青少年会患佝偻病，老年人会发生骨质疏松
铁	贫血
锌	食欲不振，生长缓慢，发育不良
碘	甲状腺肥大，思维迟钝（碘过多也会引起甲状腺肥大）
氟	龋齿（氟过多也不好，会引起氟斑牙）

3.4　原子的次基因与原子族派（核素）

同一家族的原子都具有相同的主基因（核电荷数或质子数），但同家族里的原子也不一定完全相同，如图 3.3 所示。

我们都属于氢原子家族，但分属不同派别

我叫氕，原子核有 1 个质子、0 个中子　我叫氘，原子核有 1 个质子、1 个中子　我叫氚，原子核有 1 个质子、2 个中子

图 3.3　氢原子家族的三种不同派别原子"氕氘氚"

图 3.3 中，三种原子都是氢原子，因为它们的主基因都是 1。但它们又不完全相同，因为其中子数各不相同。为了区别它们，中子数为 0、1、2 的氢原子分别称为氕（piē）原子、氘（dāo）原子、氚（chuān）原子。为了区别同一原子家族内中子数不同的原子，把中子数作为原子的次基因。原子家族中主基因和次基因都相同的原子组成一个原子族派（原子家族派别），专业名称叫核素。核素是具有相同质子数和中子数的一类原子的统

称。在本书中，原子族派在概念上等同于核素。

从元素角度来讲，氕、氘和氚的主基因都为1，它们属于氢元素；从核素角度来讲，氕、氘和氚都具有确定的主基因（质子数）和次基因（中子数），它们分别属于氢元素的三种核素，分别用英文字母H、D和T来表示。像氕、氘、氚这种属于同一元素的不同核素互称为同位素。

要想确定某个原子属于何种原子家族（元素），只需要知道它的主基因（质子数）即可，如果想进一步确定它属于该家族中的何种派别（核素），还要知道它的次基因（中子数）。

原子家族中的不同派别的规模是不一样的，有的派别"人才济济"，有的派别"人才凋零"。如自然界存在的所有氢原子当中，氕派别的原子大约占99.98%，氘派别和氚派别分别仅占0.016%和0.004%。因此，当提到氢原子时，如果不做特别说明，一般指的是有1个质子而无中子的氕（H）原子。

在化学研究中，大多数时候只需要知道原子的主基因，只有特殊的情况下才需要进一步了解原子的次基因。换句话说，化学中大多数时候讲的都是元素，只是偶尔才会提到核素。

自我检测三

一、判断题

1.原子家族的主基因是原子的核电荷数或质子数。　　　（　）

2.中子数不同的原子肯定不属于同一原子家族。　　　（　）

3.人体中含量最多的元素是碳元素。　　　（　）

4.人体缺少铁元素会造成贫血。　　　（　）

5.原子家族的不同族派的规模一般大小差不多。　　　（　）

二、选择题

1.现有两个原子，其中一个原子的质子数和中子数都是8，另一个原子的质子数为8，中子数为10。关于这两个原子，下列说法正确的是（　）

A.它们既属于同一原子家族，又属于同一原子族派

B.它们属于同一原子家族，但不属于同一原子族派

C.它们不属于同一原子家族，而属于同一原子族派

D.它们既不属于同一原子家族，又不属于同一原子族派

2.下列元素中，不属于人体中的常量元素的是　　　　　　　　（　　）

A.氧元素　　　B.氢元素　　　C.碳元素　　　D.铁元素

三、连一连，请把以下等同的概念用直线连起来

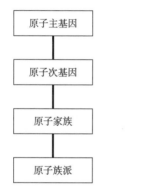
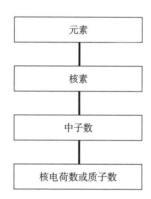

第4章

原子结构

本书第2章中的图2.17只是粗略地描述了原子的电子云球形轮廓，对原子的展示比较浅显，如果不标注原子种类，从该轮廓难以判断它到底是哪种原子。为了让人们更清楚地了解原子的内部结构，即原子结构，科学家们以科学事实为根据，设计并发布了一些原子结构模型。简单来讲，原子结构指的是展示原子核外电子按一定标准进行分类的模型。需强调的是，这些模型不是真实的存在，而是科学家们对抽象的科学事实进行的形象归纳与表达。这些模型将在下面一一介绍。

4.1 原子结构示意图

4.1.1 电子层（能层）

原子中除了原子核以外，还有在原子核周围运动的电子，它们称为核外电子。原子的核外电子数目等于原子的核电荷数或质子数。人们研究原子核外电子的能量发现，核外电子的能量按大小最多可以分为7组，这样的组称为电子层，也称为能层。同一电子层的电子能量和运动离核平均距离近似相等。按能量由小到大，电子层可以分为第1至第7电子层，它们分别以大写英文字母K、L、M、N、O、P和Q来表示，如O表示第5个电子层（能层）等。此外，人们还发现能量越小的电子层里的电子，其活动的主要范围离原子核越近。图4.1为7个电子层的电子的主要运动区域。

图4.1中，小黑点代表原子核，每一个彩色圆环表示每个电子层里的

电子的主要活动范围（注意：虽然主要活动范围画成彩色圆环，但它实际表示的不是平面的圆环区域，而是有一定厚度的立体球壳），从里到外分别为K、L、M、N、O、P和Q，电子层里的电子平均能量（E）逐渐增大，即 $E_K<E_L<E_M<E_N<E_O<E_P<E_Q$。

图4.1 不同电子层的电子的主要运动区域

4.1.2 核电荷数1~20的原子的电子层电子排布式

对于原子的任何一个核外电子，如果按其能量大小和主要运动范围归属于某个电子层时，我们可以说该电子填充在此电子层上。

人们通过研究核电荷数1~20的原子的电子层中核外电子的填充情况，发现了以下几个规律：

① K电子层最多填充2个电子；

② L电子层最多填充8个电子；

③ M电子层最多填充8个电子；

④ 电子优先填充能量较低的电子层（能量最低原理），即只有当第1个电子层填满后，电子才开始填充第2个电子层，依次类推。

例如Cl原子核电荷数是17，核外电子也是17个，根据以上规律，第1个电子层最多填充2个电子，第2个电子层最多填充8个电子，剩下7个因为没有超过第3个电子层最大填充数目，所以全部填在第3个电子层上。

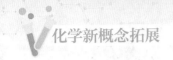

用式子可以表示为：

$$Cl(17): K^2L^8M^7 \qquad (4.1)$$

式（4.1）中，"Cl"是氯原子家族的记号（元素符号）；"17"是氯原子家族的主基因（核电荷数或质子数），有时可忽略；"K""L""M"分别为第1~3电子层的英文符号，上标"2""8""7"分别为相应电子层上填充的电子数。式（4.1）称为原子核外电子层电子排布式，简称电子层电子排布式。这里"排布"与"填充"同义。核电荷数1~20的原子的电子层电子排布式见表4.1。

表 4.1　核电荷数 1~20 的原子的电子层电子排布式

元素符号	核电荷数	电子层电子排布式	元素符号	核电荷数	电子层电子排布式
H	1	$H(1): K^1$	Na	11	$Na(11): K^2L^8M^1$
He	2	$He(2): K^2$	Mg	12	$Mg(12): K^2L^8M^2$
Li	3	$Li(3): K^2L^1$	Al	13	$Al(13): K^2L^8M^3$
Be	4	$Be(4): K^2L^2$	Si	14	$Si(14): K^2L^8M^4$
B	5	$B(5): K^2L^3$	P	15	$P(15): K^2L^8M^5$
C	6	$C(6): K^2L^4$	S	16	$S(16): K^2L^8M^6$
N	7	$N(7): K^2L^5$	Cl	17	$Cl(17): K^2L^8M^7$
O	8	$O(8): K^2L^6$	Ar	18	$Ar(18): K^2L^8M^8$
F	9	$F(9): K^2L^7$	K	19	$K(19): K^2L^8M^8N^1$
Ne	10	$Ne(10): K^2L^8$	Ca	20	$Ca(20): K^2L^8M^8N^2$

需要说明的是，前文电子层电子填充规律中的①和②适用于所有原子，而规律③和④只适用于核电荷数1~20的原子，核电荷数大于20后不再适用。

4.1.3　原子结构示意图

原子的电子层电子排布既可以用符号式（"英文字母+数字"的式子）来表示，也可以用图形的方式来表示。例如，图4.2是氯原子的电子层电

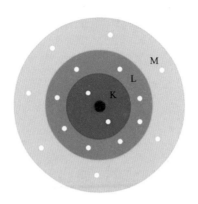

图4.2　氯原子电子层电子排布图

子排布图。

图4.2中，氯原子的核外电子占据K、L和M三个电子层（彩色的球壳为其电子活动的主要区域），白色小圆点表示电子，球壳范围里的电子数相当于填充在其代表的电子层里的电子数。显然，从里到外，Cl原子的电子层里填充电子的数目分别为2、8和7。

图4.2虽然对原子结构描述比较详细，但从画图的角度来讲还是不太方便。因此，科学家们结合符号式和图形式两者的优点，提出了原子结构更简洁的表达方式——原子结构示意图。例如，氯原子的原子结构示意图如图4.3所示。

图4.3中，"○"表示原子核；"+17"表示氯原子核带了17个正电荷（该数值等于质子数或核外电子数）；"）"表示电子层，从里到外分别为K、L、M……；"）"中间的数字表示填充在该电子层上的电子的数目。原子结构示意图简单易画，初学者容易掌握。从原子结构示意图可以获取

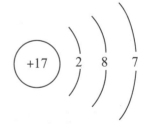

图4.3　氯原子结构示意图

的信息有：原子核、核电荷数、电子层、电子层上填充的电子的数目。

初中阶段要求学生能画出核电荷数为1~20的原子结构示意图（见图4.4）。要达到此目标，没必要死记硬背，只要记得某原子的核电荷数和电子层电子填充规律，就随时都可以把该原子的结构示意图画出来。

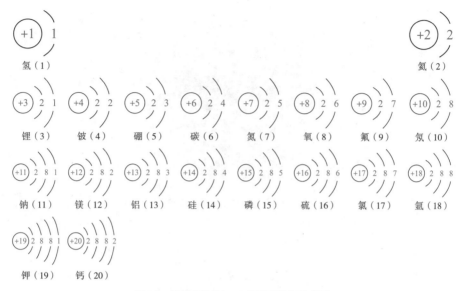

图4.4 核电荷数为1~20的原子结构示意图

4.2 原子核外电子排布式

4.2.1 电子亚层

原子核外电子层上填充的电子能量虽然近似相等，但其运动形态不完全相同，人们为了区别同一个电子层上的不同电子而提出了电子亚层的概念。根据电子运动的电子云形状，人们把它归属于不同电子亚层。当电子的电子云形状分别为球形、哑铃形和花瓣形时，其归属的电子亚层分别为0级、1级和2级，分别用小写字母s、p和d来表示（注意：电子层用大写字母表示，电子亚层用小写字母表示），如图4.5所示。

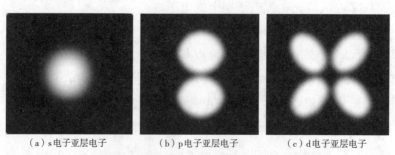

（a）s电子亚层电子　　　　（b）p电子亚层电子　　　　（c）d电子亚层电子

图4.5 不同电子亚层的电子的电子云形状

电子亚层除了s（0级）、p（1级）和d（2级）外，还有f（3级）、g（4级）、h（5级）和i（6级）等，但其他电子亚层电子的电子云形状比较复杂，中学阶段一般不做介绍。

4.2.2 电子层与电子亚层的关系

原子核外的每个电子都是独一无二的，不存在运动状态完全相同的两个电子。尽管如此，电子之间还是存在一些相似性，如能量接近或电子云形状相同等。因此，为了更好地研究原子核外电子的运动规律，人们把核外电子进行了分类。按其能量和离原子核的平均运动距离把核外电子归属于不同电子层，这属于核外电子的一级分类；在同一个电子层里，按电子云形状又把电子归属于不同电子亚层，这属于核外电子的二级分类。已知电子层有K、L、M、N、O、P和Q等七种，电子亚层同样也有s（0级）、p（1级）、d（2级）、f（3级）、g（4级）、h（5级）和i（6级）等七种，则每个电子层是否都可以分为七个电子亚层呢？

科学家们通过研究发现，以上问题的答案是否定的。每个电子层能再分的电子亚层种类是固定且互不相同的，如第1~7电子层能再分的电子亚层如表4.2所示。

表4.2 第1~7电子层能再分的电子亚层

电子层		能再分的电子亚层		
序号	符号	级数	符号	种类数
1	K	0	s	1
2	L	0, 1	s, p	2
3	M	0, 1, 2	s, p, d	3
4	N	0, 1, 2, 3	s, p, d, f	4
5	O	0, 1, 2, 3, 4	s, p, d, f, g	5
6	P	0, 1, 2, 3, 4, 5	s, p, d, f, g, h	6
7	Q	0, 1, 2, 3, 4, 5, 6	s, p, d, f, g, h, i	7

表4.2中电子层与电子亚层的关系呈现一定规律。掌握了这些规律，

你就能牢记它们之间的关系而不用死记硬背。这些规律有：

①电子层的序数n与它能再分的电子亚层的种类数m相等，即$n=m$。如第1~4电子层能再分的电子亚层种类数分别为1、2、3和4。

②电子层能再分的电子亚层从0级（s）开始，依次递增1至最大级数。最大级数l等于该电子层序数n减去1，即$l=n-1$。如第3电子层能再分的电子亚层最大级数为3-1=2，即d电子亚层；第4电子层能再分的电子亚层最大级数为4-1=3，即f电子亚层；等等。

电子亚层通常用数字加字母的方式来表示，数字表示电子亚层归属的电子层的序号，而字母则表示电子亚层里电子的电子云形状。如2s表示该电子亚层归属于第2个电子层，其里面电子的电子云形状为球形；3d表示该电子亚层归属于第3个电子层，其里面电子的电子云形状为花瓣形；等等。

4.2.3　电子亚层的能量顺序规律与电子填充规则

如果考虑目前全部118种原子，其电子亚层的能量顺序规律普适性降低，而特殊性增加，难以记忆与学习。但如果只考虑核电荷数为1~18的原子，则其电子亚层的能量顺序规律单一明确，掌握起来容易。为了形象地描述核电荷数为1~18的原子的电子亚层能量顺序规律，编者制作了如图4.6所示的"台阶房子"模型。

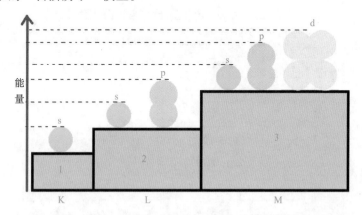

图4.6　核电荷数为1~18原子的电子亚层能量顺序"台阶房子"模型

为了帮助读者更好地理解图4.6中的模型，现把该模型与化学概念的联系关系说明如下：

①台阶代表电子层，台阶高低代表电子层能量的高低。

②台阶上球形、哑铃形和花瓣形的房子分别代表s、p和d电子亚层。房子建在台阶上表示该电子亚层（房子）从属于该电子层（台阶）。

③以地面为参照，房子的高低顺序代表电子亚层能量高低的顺序。

④M台阶上的d类房子以灰色处理表示核电荷数为1~18的原子的核外电子填充不到该电子亚层里。

从图4.6中可以总结出电子亚层能量高低顺序规律如下（只适用于电荷数为1~18的原子）：

①电子层序号越大，其电子亚层的能量就越高。在图4.6中，L层电子亚层的电子能量均高于K层的，M层的则高于L层的。

②在同一电子层里，电子亚层能量E高低顺序为$E_s < E_p < E_d$。

根据以上规律可以得出核电荷数为1~18的原子的电子亚层能量E的高低顺序为：

$$E_{1s} < E_{2s} < E_{2p} < E_{3s} < E_{3p} < E_{3d} \tag{4.2}$$

式（4.2）中的电子亚层符号中的数字表示该电子亚层所归属的电子层的序号，而小写字母则表示电子亚层的种类。如3p表示第3个电子层（M层）的p电子亚层（哑铃形）。

一个人可以说自己宿舍在七楼，也可以说是在七楼三号房（703），不过后者比前者对宿舍的描述更具体。类似地，我们可以说电子填充在第3个电子层，也可以说电子填充第3电子层的p电子亚层即3p上，同样后者比前者对电子的填充情况描述得更具体（见图4.7）。因此，前文学习的原

图4.7 楼层与房间和电子层与电子亚层的类比关系

子结构示意图对电子的填充情况描述还不够详细，是一种较粗糙的原子结构，随着电子亚层概念的提出，需要对原子结构进行精细化。

如果要研究原子更精细的结构，则需要知道每个电子具体填充在哪个电子亚层上。人们研究了大量原子的电子亚层的电子填充情况，总结了以下电子亚层电子填充的规律：

①每个电子亚层最多填充的电子数目 N 是固定的，其数值等于该电子亚层级数 l 的4倍加2，即 $N=4l+2$；如 s（$l=0$）、p（$l=1$）和 d（$l=2$）最多填充电子的数目分别为2、6和10。

②电子按电子亚层的能量从低到高的顺序开始填充（能量最低原理），只有填满第一个电子亚层，才能继续填充第二个电子亚层，依此类推。如对于核电荷数为1~18的原子，根据式（4.2），其电子亚层的电子填充顺序为 $E_{1s} \rightarrow E_{2s} \rightarrow E_{2p} \rightarrow E_{3s} \rightarrow E_{3p} \rightarrow E_{3d}$。

根据以上规则，氯原子的电子亚层填充情况可以用图4.8中的"台阶房子"模型来表示。

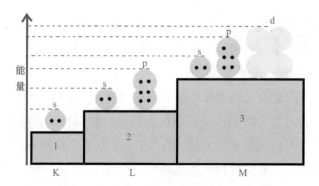

图4.8　氯原子的核外电子结构的"台阶房子"模型

图4.8中，氯原子核外17个电子填充电子亚层的过程为：1s能量最低，电子首先填充它，但s电子亚层最多只能填2个电子，所以从第3个电子开始填充2s，填满2个后从第5个电子开始填充2p，填6个才填满。依此类推，从第11个开始填3s，从第13个开始填3p，直到把17个电子填完后就是图4.8中所展示的情况。

4.2.4　原子核外电子排布式

原子的核外电子结构"台阶房子"模型直观形象，易于理解，但有时为了方便书写与交流，人们更倾向用式子的方式来表示原子的核外较精细电子结构。如图4.8中氯原子的核外电子结构"台阶房子"模型用式子可以表示为：

$$Cl(17):1s^2 2s^2 2p^6 3s^2 3p^5 \qquad\qquad (4.3)$$

像式（4.3）这种用于表示原子核外较精细电子结构的式子称为原子核外电子排布式。式中，"1s""2s""2p"等表示电子亚层，从左至右能量逐渐增大，上标的数字表示填充在相应电子亚层里的电子的数目。原子结构示意图只是展示电子在电子层的填充情况，而原子核外电子排布式进一步展示电子在电子亚层中的填充情况，对电子的区分更明确。

4.2.5　原子最精细结构

无论是原子结构示意图还是原子核外电子排布式，都不是原子最精细的结构。原子最精细的结构是电子的终极分类——每个电子属于一类，即把每个电子的独一无二性给展示出来。由于原子最精细的结构涉及较深奥的化学知识，难以直接理解，因此下面将用类比的方式来简单介绍原子的最精细结构，让你对它有个初步的了解。首先请阅读图4.9中的科幻例子。

图4.9（a）~图4.9（d），对克隆人的位置描述越来越具体。图4.9（a）~图4.9（c）只是给出克隆人分布区域及人头数，而在图4.9（d）中可以看到每个正在培育的克隆人的最真实的状态，每个克隆人都是独一无二的，都能明确指认。如给你"二楼202房间2号培育槽里头朝下"的克隆人位置信息，你能从图4.9（d）中很快找到他（请用笔圈出来），而从图4.9（a）~图4.9（c）中都不行。

如果把图4.9中的克隆人大楼当成原子结构，把克隆人当成电子，则一楼、二楼、三楼分别相当于电子层K层、L层、M层；101、201、202、301、302分别相当于电子亚层1s、2s、2p、3s、3p；图4.9（a）相当于氯原子，图4.9（b）相当于氯原子的原子结构示意图，图4.9（c）相当于原子核外电子排布式，图4.9（d）相当于氯原子的最精细结构。参照图4.9（d）中在培

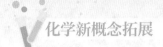

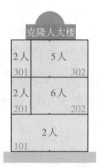

（a）克隆人大楼正在培育17个一模一样的克隆人

（b）克隆人大楼有三层，第1、2、3层分别培育2、8、7人

（c）第1、2、3层楼分别有1、2、2个房间，每个房间培育的人数如上所示

（d）每个房间里都有带有编号的培育槽，数目不完全相同。1个培育槽最多培育2个人，如有2人，则他们头朝向必须相反

图4.9　克隆人大楼中克隆人的逐渐明确过程

育中的克隆人的陈列情况，氯原子的最精细结构可以用图4.10来表示。

Cl(17)：　[↑↓]　[↑↓][↑↓][↑↓][↑↓]　[↑↓][↑↓][↑↓][↑]

　　　　　1s　　2s　　2p　　　3s　　3p

图4.10　氯原子核外电子轨道排布图

　　图4.10中展示的原子结构的专业名称是原子核外电子轨道排布图，是原子最精细的结构。图4.10中，箭头表示电子，电子就像地球可以自转，称为电子的自旋。电子自旋有两种方向，朝上自旋⊙用"↑"表示，朝下自旋⊙用"↓"表示。从图4.10中可以发现p电子亚层又分出3个"小房间"，它的科学含义是：尽管p电子亚层中电子的电子云形状相同，但其伸展方向不同，可以分为三类，相当于图4.10中的三个小房间。p电子亚层的电子云的三种方向如图4.11所示。

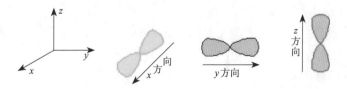

图4.11　p电子亚层的哑铃形电子云的三种方向

图4.10中的每个"小房间"里最多填两个电子，而且必须自旋方向相反。这里面的科学原理到了大学阶段才能解释清楚，这里不做详细解释，初步了解即可。

最后，图4.9（d）中的"二楼202房间2号培育槽里头朝下"的克隆人相当于图4.10中的哪个电子，请把它用笔圈出来。

自我检测四

一、判断题

1. 电子层里的电子的主要活动区域是一个平面圆环。　　　　　（　　）

2. 对于任意原子，M层最多填充8个电子。　　　　　　　　　（　　）

3. p电子亚层的级数l为1。　　　　　　　　　　　　　　　　（　　）

4. 电子亚层p里的电子云的伸展方向只有1种。　　　　　　　　（　　）

5. 原子的核外电子中没有两个完全一样的电子。　　　　　　　（　　）

二、填空题

1. 氧原子的原子结构示意图为_____。

2. 第2个电子层可以再分为_____个电子亚层。

3. 第3个电子层中的d电子亚层表示为_____。

4. 同一原子的电子亚层中电子能量比较：1s____2s，3s____3d。

5. 把表4.3补充完整。

表4.3　核电荷数为1~18的原子的核外电子排布式

核电荷数	元素符号	原子核外电子排布式	核电荷数	元素符号	原子核外电子排布式
1	H		5	B	
2	He		6	C	
3	Li		7	N	
4	Be		8	O	

续表

核电荷数	元素符号	原子核外电子排布式	核电荷数	元素符号	原子核外电子排布式
9	F		14	Si	
10	Ne		15	P	
11	Na		16	S	
12	Mg		17	Cl	$1s^22s^22p^63s^23p^5$
13	Al		18	Ar	

三、选择题

1. 第3个电子层的别称是   (　)

　　A. K层　　　　　　B. L层　　　　　　C. M层　　　　　　D. N层

2. 下列哪个电子亚层是不存在的？   (　)

　　A. 1s　　　　　　B. 2p　　　　　　C. 3d　　　　　　D. 2d

3. 根据$4l+2$规则，f电子亚层最多填充的电子数是   (　)

　　A. 2　　　　　　B. 6　　　　　　C. 10　　　　　　D. 14

4. 下列形式中表示原子最精细结构的是   (　)

　　A. 钠原子核外有11个电子　　　B. (+12) 2 8 2

　　C. $1s^22s^22p^4$　　　　　　　D. N(7): ↑↓ ｜ ↑↓ ↑ ｜ ↑
　　　　　　　　　　　　　　　　　　　　1s　　2s　　2p

5. 已知硫原子的核外电子轨道排布为：

　　　　S(16): ↑↓ ｜ ↑↓ ↑↓↑↓↑↓ ｜ ↑↓ ↑↓↑↑
　　　　　　　1s　　2s　　2p　　　　3s　　3p

则上图中红色的电子所在的电子层和电子亚层及自旋方向分别为   (　)

　　A. L层，s电子亚层，自旋朝上　　　　B. M层，p电子亚层，自旋朝下

　　C. M层，p电子亚层，自旋朝上　　　　D. N层，p电子亚层，自旋朝下

第5章
原子聚集

🔬 5.1 原子通过聚集构成了万物

"积土成山，风雨兴焉；积水成渊，蛟龙生焉。"早在战国时代，荀子通过观察发现身边巨大的事物都是由细小的单位"堆积"而成的，从而引喻人要取得巨大的成就必须经过日积月累的学习。但不管是高山，还是尘土，不管是大海，还是水滴，它们都是肉眼可见的。而一粒尘土或一个水滴又是由什么构成的呢？受时代限制，荀子并没有进一步思考。时至今日，我们可以确切地说，一粒尘土或一个水滴都是无数个（数量级约为10^{21}）、肉眼看不见的同种或不同种原子聚集在一起而形成的。更广泛地说，在化学的研究视角下，世界上万物皆由原子聚集而成。

如图5.1所示，无数个硅氧原子按一定方式聚集形成一粒沙子（假设沙子只含有二氧化硅），无数粒沙子聚集在一起形成了沙漠。单个微观原子肉眼是看不见的，但数目巨大的原子聚集在一起就形成了宏观上可见的物质。因为原子非常小，你看眼前的一个碳原子，就像太空中的宇航员看地球上的一粒沙子，是看不见的。然而，无数的沙子聚集成沙漠后，从太

（a）硅、氧原子聚集　　　　（b）沙子　　　　　（c）沙漠

图5.1　从硅、氧原子到沙漠的形成过程

空中就能看得见它，如图5.2所示。同样，无数的碳原子按一定方式聚集在一起，就会在你眼前显现一颗光彩夺目的钻石（见图5.3）。

图5.2　从太空看沙漠　　　　　　　图5.3　碳原子聚集成钻石

世间物质多种多样，性质各不相同，这皆因参与聚集的原子种类和聚集方式不同，所以物质的性质取决于构成它的原子的种类及聚集方式，简单来讲即物质结构决定物质性质。

5.2　不同类型纯净物的原子聚集方式

物质可以分为纯净物与混合物。只由一种物质组成的物质称为纯净物，纯净物有固定的物理与化学性质，如氧气、水和盐等；由两种或两种以上物质组成的物质称为混合物，混合物没有固定的物理与化学性质，如空气、溶液和岩石等。人们根据原子聚集方式的特点，把纯净物分为分子型纯净物和非分子型纯净物。下面将具体介绍这两种纯净物中原子的聚集方式。

5.2.1　分子型纯净物中原子的聚集方式

你迎着风撒出一撮面粉，面粉会被风吹散而杳无踪迹，再也寻不回；你把面粉变成面团，再迎风抛出，还可以寻回面团。如果把一颗细小的面粉粒当成原子，假设原子之间没有结合力，则它们聚集在一起就像面粉，一吹就散；假设原子之间有结合力，它们聚集在一起类似面团，吹不散。在生活中，我们见到的物质都相对稳定，不会一吹就散，因此原子之间是有结合力的。面粉是借助水的作用产生了结合力，而原子之间的结合力不需要借助外部力量而自然产生。原子之间的这种结合力也称为聚集力或束缚力。不同类型的纯净物中原子间聚集力性质与强度都不同。

5.2.1.1　多个原子的强力聚集与普通分子的形成

（1）普通分子的形成及定义

自然界中存在原子结合法则，某些同种或不同种原子相遇时，它们会按一定的个数通过相互之间较强的结合力聚集在一起，形成一个稳定且具有固定结构的"原子集体"，这个"原子集体"称为普通分子。根据普通分子的形成过程，可以给它下个定义为：普通分子是几个或几十个同种或不同种原子通过较强结合力聚集在一起而形成具有确定几何构型、相对独立的多核微观粒子。这是现行中学教材中未出现过的定义。为了帮助你更好地理解，对"普通分子"的概念解读如下：

①"普通"指的是构成分子的原子数目一般为2~100。中学阶段接触的分子大多数为普通分子。除了普通分子，还有其他特殊分子，如由成千上万个原子构成的高分子、可自组装形成的超分子等。

②多个原子聚集成分子靠的是原子间的结合力，该结合力是一种非接触力，形成原因与性质比较复杂。可以把它理解为一种较强的束缚力，把原子束缚在一定范围内，即相邻原子之间距离不能随意增大或减小，维持一定的平衡距离。这种较强的束缚力使原子排列比较固定从而具有确定的几何结构。

③普通分子至少由两个原子构成，因此含有多个原子核，故称为多核微观粒子。有一种特殊分子由单个原子构成，称为单核分子。稀有气体氦、氖、氩、氪、氙、氡的分子都是单核分子。

④普通分子中原子的聚集方式是固定的，即分子中原子在空间的相对位置是固定的，因此分子具有确定的空间几何构型。

（2）分子的形象表示——球棍模型

为了形象表示分子的结构，人们提出了球棍模型。顾名思义，球棍模型由"球"与"棍"组成。"球"与"棍"的含义如下：

①"球"代表原子，通常用颜色和大小来区分不同原子。

②"棍"代表相邻原子间的强烈的聚集力（结合力或束缚力）。注意：没有用棍子连接的非相邻原子不代表它们之间没有相互作用力，只是作用

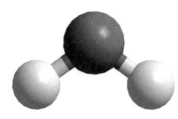

图5.4 水分子的球棍模型

力太小达不到用棍子表示的标准。

在图5.4中的水分子的球棍模型中，中间红色的"球"是氧原子，两边灰色的"球"是氢原子，氧原子与氢原子之间的棍子代表两者之间较强的聚集力。

原子通过聚集力聚集成分子时，原子之间为了使聚集力最强，不断地调整位置直至达到一个最稳定的状态。最终，原子之间的相对位置固定下来，使分子具有固定的立体几何形状。如图5.4中的水分子，氧原子与两个氢原子之间的距离相等且三者不在同一直线上，形成"V形"或"角形"的形状。

除了水分子，一些常见分子的球棍模型如图5.5所示。

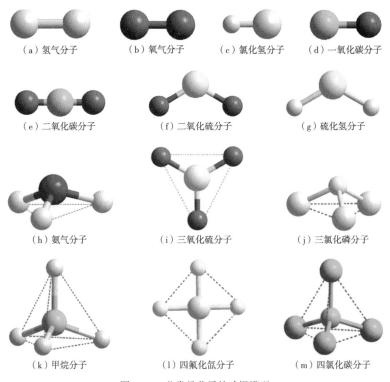

（a）氢气分子　　（b）氧气分子　　（c）氯化氢分子　　（d）一氧化碳分子

（e）二氧化碳分子　　（f）二氧化硫分子　　（g）硫化氢分子

（h）氨气分子　　（i）三氧化硫分子　　（j）三氯化磷分子

（k）甲烷分子　　（l）四氟化氙分子　　（m）四氯化碳分子

图5.5 一些常见分子的球棍模型

从图5.5中的球棍模型可以看出，这些分子都是由一种或两种原子构成的。当构成分子的原子个数为2时，可以形成AA或AB型分子，由于两点确定一直线，因此 AA 或 AB 型分子的几何形状都是直线形，如图 5.5（a）~图 5.5（d）所示；图 5.5（e）~图 5.5（g）为 ABB 型分子，它们的几何形状要么是直线形，要么是 V 形；图 5.5（h）~图 5.5（j）为 ABBB 型分子，当 4 个原子在同一平面时为平面三角形，不在同一平面时为三角锥；图 5.5（k）~图 5.5（m）为 ABBBB 型分子，一般几何形状为正四面体（原子不同面）或平面正方形（原子同平面）。注意：确定分子的几何形状时要加上必要的几何辅助线，这样分子形状才能呈现常见的立体几何图形。图 5.5（h）和图 5.5（l）如果不加辅助线，形状分别为"三脚架"和"十字架"，加了辅助线才是"三角锥"和"正方形"。

在初学阶段，为了简化知识，统一用单根棍子来表示相邻原子间的强烈作用力，但随着学习的深入，为了区别这种作用力的相对强度，还可以用两根或三根棍子来表示它，根数越多，结合力越强。如常见的氢气、氧气和氮气的两种球棍模型如图 5.6 所示。

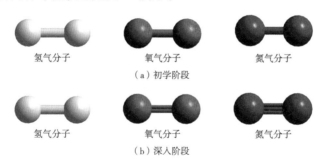

氢气分子　　　　氧气分子　　　　氮气分子
（a）初学阶段

氢气分子　　　　氧气分子　　　　氮气分子
（b）深入阶段

图 5.6　氢气、氧气和氮气分子在不同学习阶段的球棍模型

化学中，把物质内部相邻原子间强烈的聚集力称为化学键，即球棍模型中的棍子代表化学键，1 根、2 根和 3 根棍子分别代表单键、双键和叁键。

需要说明的是，球棍模型只是科学家对抽象的物质微观结构的形象概括，不是物质微观结构的真实"影像"。虽然事实如此，但两者之间具有紧密的科学联系，球棍模型使人们更容易理解物质的结构，方便研究物质结构与性质之间的关系规律。

5.2.1.2　数目巨大的分子聚集在一起形成宏观物质

普通分子虽然由几个或几十个原子聚集在一起，但它仍然属于微观粒子，肉眼不可见，只有数目足够多的分子聚集在一起才能被肉眼看见。

由于人眼能看到物体的最小尺寸是0.1mm，因此一个水滴的直径至少为0.1mm才能被我们看见，而这样的一滴水包含约10^{12}个水分子，即至少约10^{12}个水分子聚集在一起才能为我们肉眼所见，这个数目是巨大的。图5.7中展示了从氧原子和氢原子开始是如何形成这个水滴的。

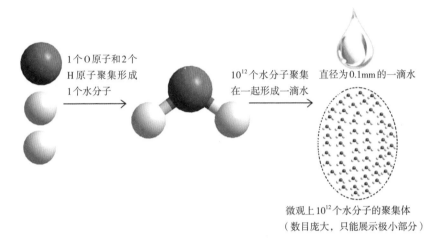

1个O原子和2个H原子聚集形成1个水分子

10^{12}个水分子聚集在一起形成一滴水

直径为0.1mm的一滴水

微观上10^{12}个水分子的聚集体
（数目庞大，只能展示极小部分）

图5.7　氢、氧原子聚集形成直径为0.1mm的一滴水的过程

从图5.7中可看出，直径0.1mm的水滴的形成过程为：1个氧原子和2个氢原子先聚集成1个水分子，接着约10^{12}个相同水分子再聚集在一起形成了该水滴。除了水，生活中常见的乙醇（酒精的主要成分）的形成微观过程也是一样的（见图5.8）。

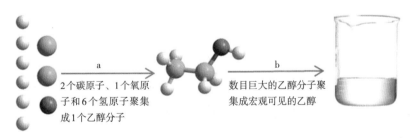

a

2个碳原子、1个氧原子和6个氢原子聚集成1个乙醇分子

b

数目巨大的乙醇分子聚集成宏观可见的乙醇

图5.8　C、H和O原子聚集形成乙醇的过程

不过，宏观物质不一定可见，如无色气体物质因为分子距离过大而且没有颜色，所以不可见。因此，数目巨大的分子聚集形成纯净物时，如要保证可见，须满足两个条件：①分子数目足够多；②分子间距离足够小。

5.2.1.3 分子型纯净物的定义及其原子聚集方式

在分子定义的基础上，可以把分子型纯净物定义为由分子聚集而形成的纯净物。前文的水和乙醇都属于分子型纯净物。从图5.7和图5.8中水和乙醇的微观形成过程可以总结出分子型纯净物中原子的聚集顺序如下：

①首先几个或几十个同种或不同种的原子聚集形成分子；

②数目巨大的分子再聚集形成宏观的分子型纯净物。

上面的第一步中，多个原子形成的分子的聚集称为一级聚集。由于一级聚集力比较强，因此一级聚集也称为强力聚集。第二步中由"原子组合体"分子形成宏观分子纯净物的聚集称为二级聚集。二级聚集的聚集力称为分子间作用力。分子间作用力较弱，在球棍模型中不能用棍子表示，而是省略。由于二级聚集力较弱，因此二级聚集也称为弱力聚集。此外，当原子聚集得到的是微观粒子时，称为微聚集；当聚集得到的是宏观物质时，称为宏聚集。例如，在分子型纯净物中，一级聚集得到的是微观粒子分子，属于微聚集；而二级聚集得到的是宏观物质，属于宏聚集。

有了这些概念，分子型纯净物中原子的聚集方式可以简单归纳为：先一级聚集后二级聚集，或先强力聚集后弱力聚集，或先微聚集后宏聚集。

5.2.1.4 分子型纯净物的物理性质特征

由于分子型纯净物的原子聚集方式有一定特征，物质结构决定物质性质（这里结构含义不仅指物质的微观几何结构，也指物质内部聚集力的结构），因此分子型纯净物也具有特征性的物理性质，具体见表5.1的归纳。

表5.1 分子型纯净物的物理性质特征

物质种类	物理性质		原因
分子型纯净物	状态	常温、常压下大多数为气态或液态，少数为固态（通常固态的分子型物质加热容易升华或熔化成黏稠液体）	分子间作用力较弱
	熔沸点	较低（大多数熔点低于500℃）	
	硬度	较小	
	密度	较小	分子之间空隙较大
	导电导热性	较差	自由电子较少

表5.1中，分子型纯净物的状态主要由分子间作用力决定，其决定机制是如何起作用的呢？下面将以氧气、水和葡萄糖三种分子纯净物为例来说明。

常温常压下，氧气为气态，水为液态，葡萄糖（其分子球棍模型如图5.9所示）为固态。它们分子间作用力强度类比于图5.10中的情况。

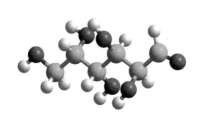

图5.9 葡萄糖分子的球棍模型

  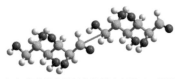

（a）氧气分子间的作用力相当于易断的蚕丝 　（b）水分子间的作用力相当于有一定弹性但不易断的粗绳 　（c）葡萄糖分子间的作用力相当于一根刚性塑料棒

图5.10 氧气、水和葡萄糖分子间作用力强度类比

图5.10（a）说明以氧气为代表的气体分子间作用力相当于易断蚕丝，因此每个气体分子难以被相邻的气体分子束缚住，它很容易逃逸到别处。所以，宏观上只要氧气不被封闭住，它都要扩散到空气中，即气体没有固定形状和体积。图5.10（b）说明以水为代表的液体分子间作用力相当于难断的弹性粗绳，因此每个液体分子被相邻的液体分子束缚在一定范围内，分子之间的相对位置可以变化但平均距离几乎不变。所以宏观上，液体没有固定形状但有固定的体积。图5.10（c）说明以葡萄糖为代表的固体分子间作用力相当于刚性塑料棒，因此每个固体分子被相邻的固体分子束缚得几乎"动弹不得"，分子之间的相对位置几乎不变。所以宏观上，固体既有固定形状又有固定的体积。

当温度持续下降时，常温常压下为气体的分子型纯净物的分子间距逐渐变小，分子间作用力逐渐变大，在某些临界点会发生状态的变化，先是气态变液态，后是液态变固态。

以上事例说明分子间作用力的大小顺序为：①不同物质，气体<液体<固体；②同一物质，气态<液态<固态。

　　虽然固体分子纯净物的分子间作用力很强，但相对于一级强聚集力化学键来说还是较弱。假设前者相当于塑料棒，则后者相当于坚硬铁棍。总的来说，在化学的多种作用力中，分子间作用力是一种较弱的力，使得分子型纯净物具有硬度小、熔点低的特征。如果某种纯净物的熔点小于500℃且硬度一般，则它是分子型纯净物的可能性非常大。

5.2.2　非分子型纯净物中原子的聚集方式

5.2.2.1　一般非分子型纯净物的原子聚集方式

　　氯化钠（NaCl）俗称食盐，是家庭厨房常用的调味品，熔点约为801℃。从熔点来看，它不属于分子型纯净物，因此它内部的原子聚集方式与分子型纯净物的肯定不同。为了方便比较水与氯化钠原子聚集方式的差别，图5.11中同时给出了水和氯化钠的微观结构的球棍模型。需要说明的是，宏观上就算是一滴水或一粒食盐，所包含的微观粒子的数目巨大，完全展示出来是不可能的，通常只能展示极小的一部分（下同），那些没展示出来的分子或原子只能靠想象来补充。

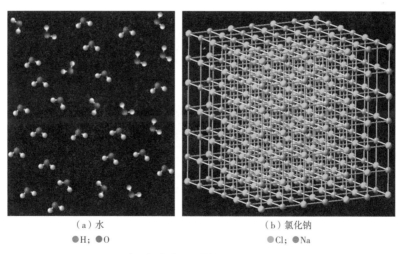

（a）水　　　　　　　　　　　　　　　　（b）氯化钠
●H；●O　　　　　　　　　　　　　　　●Cl；●Na

图5.11　水和氯化钠微观结构球棍模型（极小部分）

　　图5.11中，水和食盐的微观结构球棍模型明显不同。首先从外观上看，水的微观结构球棍模型中，我们能清晰分辨出一个个独立的水分子；而从氯化钠的微观结构球棍模型中则不能清晰分辨出独立的氯化钠"分

子"；其次从原子聚集方式来看，水的形成过程中，先是2个H原子和1个O原子要经一级聚集形成1个水分子，接着数目巨大的水分子经二级聚集形成宏观可见的水；而盐是由数目巨大的Cl原子和Na原子按1∶1的方式，直接通过强力一级聚集而形成的，每个原子都与相邻的原子通过"棍子"连接（强结合力）形成一个紧密的原子"巨型建筑"。从这个意义来讲，一粒盐巴可以看作一个"巨型分子"。除了盐，昂贵的钻石（金刚石）和金属铜也是分别由碳原子和铜原子通过一级聚集形成的，如图5.12所示。

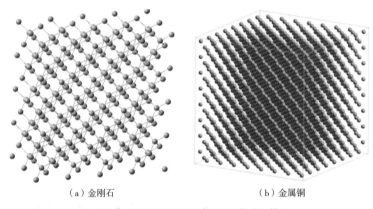

（a）金刚石　　　　　　　　　　　　（b）金属铜

图5.12　金刚石和金属铜的微观结构球棍模型

像盐、金属铜和金刚石这种只有原子的一级聚集而无二级聚集的纯净物称为一般非分子型纯净物。由于一般非分子型纯净物中只有一级聚集力，而且很强，因此其熔沸点及硬度通常都比分子型纯净物的大。如盐的熔点为801℃，较硬；金属铜的熔点为1083℃，较硬；金刚石的熔点为3550℃，为自然界中最硬的物质。

你是否发现图5.12（b）中金属铜的微观结构球棍模型没有棍子出现？与水、盐和金刚石不同，金属铜中的一级聚集力比较特殊，它不是发生在两个相邻原子之间，而是发生在大量的金属原子（准确来说是金属阳离子）与大量的自由电子之间，难以用棍子来描述。与铜一样，其他所有金属都属于一般非分子型纯净物，都具有独特的一级聚集力。正是因为金属的独特一级聚集力，使得金属具有金属光泽、延展性和导电导热性等性质。由于金属的一级聚集力强度变化范围较大，因此金属的熔点可以很高，如钨（3410℃±20℃）；也可以很低，如汞（水银，-38.9℃）。同样，金属的硬度可以很大，如铬为最硬的金属，其硬度接近金刚石；也可以很小，如铯为最软的固态金属。

5.2.2.2　特殊非分子型纯净物的原子聚集方式

分子型纯净物中存在原子一级聚集或二级聚集，但这并不说明只要存在一级聚集和二级聚集的纯净物都是分子型纯净物。有一些纯净物既有原子的一级聚集也有二级聚集，却不是分子型纯净物，如石墨等。图5.13是石墨微观结构的球棍模型，碳原子同样经过一级强力聚集和二级弱力聚集形成宏观的石墨。但对比石墨与分子型纯净物的原子聚集方式可以发现它们之间的不同：分子型纯净物中原子的一级聚集只是微聚集（聚集得到微

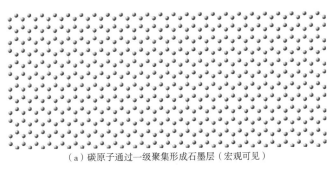

（a）碳原子通过一级聚集形成石墨层（宏观可见）

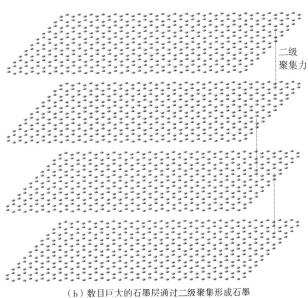

二级
聚集力

（b）数目巨大的石墨层通过二级聚集形成石墨

图5.13　石墨的微观形成过程

观的分子），而石墨中的一级聚集是宏聚集（聚集得到宏观的石墨层）。像石墨这种通过原子的一级宏聚集和二级宏聚集形成的纯净物称为特殊非分子型纯净物。特殊非分子型纯净物的原子聚集特征是：存在一级聚集和二级聚集，且两级聚集都是宏聚集。

由于石墨层内的聚集力极强，因此石墨熔点很高，达到了3675℃。但是石墨层间的聚集力强度属于较弱的分子间作用力，容易相对滑动，因此石墨较软且具有油腻感。石墨的例子说明物质硬度与熔点之间没有必然的联系。

5.2.3 一级聚集力和二级聚集力

在物质内部，原子的一级聚集力指的是较强的结合力，二级聚集力指的是较弱的结合力。同一级别的聚集力根据其力的性质又分为多种。在中学阶段，属于一级聚集力的有离子键、共价键、金属键和配位键；属于二级聚集力的有分子间作用力，主要包括范德华力和氢键。例如，水和金刚石的一级聚集力为共价键，氯化钠的一级聚集力为离子键，铜及所有金属的一级聚集力为金属键。配位键较复杂，高中才开始接触，这里暂不介绍。有些纯净物的二级聚集力只有范德华力，如氧气、二氧化碳等；有的既有范德华力又有氢键，如水和乙醇等。范德华力和氢键的概念到了高中才系统学习，初中学习时把它们统一当作分子间作用力来理解即可。

除了稀有气体等单原子分子，所有物质均具有一级聚集力，部分物质具有二级聚集力。例如，氯化钠中只有一级聚集力，而水中有一级聚集力和二级聚集力。有的只有一种同级聚集力，有的有多种同级聚集力。例如，氯化钠和氢氧化钠虽然都是只有一级聚集力的非分子型纯净物，但前者的一级聚集力只有离子键，后者的既有离子键又有共价键。

典型的分子型纯净物中一级聚集力与二级聚集力强度差异较大，其分子性突出，但当一级聚集力与二级聚集力的差异逐渐减小时，物质的分子性逐渐减弱而非分子性增强。到达某种程度时，纯净物很难明确说是分子型的还是非分子型的。这说明物质构成的复杂性和多样性，这也是化学分类中不可避免的临界模糊性。

⚛ 5.3 原子的固定成团聚集——原子团

人们在研究物质的微观内部结构时发现，个别原子总是以固定比例成团聚集成一种结构片段，这样的结构片段称为原子团。原子团中不但原子的种类与个数是固定的，而且一般具有几乎不变的空间几何形状。原子团中原子间的聚集力属于较强的一级聚集力，一般为共价键。原子团在物质微观结构中不像分子一样具有独立性，它跟邻近的原子或原子团产生较强的结合力（一级聚集力）而被束缚住。在中学阶段，常见的原子团列于表5.2中。

表5.2 中学阶段常见的原子团

原子总数	名称	基本符号	常用符号	球棍模型	几何形状
2	氢氧根	[OH]	OH$^-$		直线
	次氯酸根	[ClO]	ClO$^-$		直线
	硫氢根	[HS]	HS$^-$		直线
3	亚硝酸根	[NO$_2$]	NO$_2^-$		V（角）形
4	碳酸根	[CO$_3$]	CO$_3^{2-}$		平面三角形
	硝酸根	[NO$_3$]	NO$_3^-$		平面三角形

原子总数	名称	基本符号	常用符号	球棍模型	几何形状
4	亚硫酸根	[SO_3]	SO_3^{2-}		三角锥
	氯酸根	[ClO_3]	ClO_3^-		三角锥
5	硫酸根	[SO_4]	SO_4^{2-}		正四面体
	磷酸根	[PO_4]	PO_4^{3-}		正四面体
	高氯酸根	[ClO_4]	ClO_4^-		正四面体
	高锰酸根	[MnO_4]	MnO_4^-		正四面体
	锰酸根	[MnO_4]	MnO_4^{2-}	—	—
	铵根	[NH_4]	NH_4^+		正四面体

续表

原子总数	名称	基本符号	常用符号	球棍模型	几何形状
5	碳酸氢根	[HCO₃]	HCO₃⁻		平面结构
	亚硫酸氢根	[HSO₃]	HSO₃⁻		非平面结构

表5.2的原子团基本符号中，元素符号表示构成该原子团含有的原子种类，数字下标表示相应原子的个数（个数为1时下标可省略），"[ ]"表示括号里的为原子团，与化学式进行区分。由于某些条件下原子团可以独立出来形成带电荷的离子（除了 NH_4^+ 带正电荷外，绝大多数原子团带负电荷），所以原子团也可以用离子的形式来表示。带电荷的独立原子团具有确定的几何形状，表5.2中给出了常见的原子团独立出来形成离子后的球棍模型与几何形状。

使用基本符号表示原子团有一个缺陷，即同一个基本符号可能表示不同的原子团，如 $[MnO_4]$ 既可表示高锰酸根原子团，也可以表示锰酸根原子团。但如果使用离子形式则没有这个缺点，如高锰酸根和与锰酸根原子团的离子形式分别为 MnO_4^- 和 MnO_4^{2-}，两者明显不同。这也是通常用离子形式来表示原子团的原因。大多数的原子团是分子除去一个或多个H原子后剩余的片段，如水分子 H_2O 除去1个H原子就是氢氧根[OH]，碳酸分子 H_2CO_3 除去2个H原子就是碳酸根 $[CO_3]$，硫酸分子 H_2SO_4 除去2个H原子就是硫酸根 $[SO_4]$，等等。

在化学中，原子团一般作为一个整体来研究，其行为类似于原子，不能随意拆分，所以原子团也称为拟原子。原子团在化学物质中普遍存在，可以说中学阶段几乎所有的化学物质都是由原子或原子团（拟原子）构成的。

⚛ 5.4 化学反应——原子的分离与聚集

化学反应是旧物质（反应物）转变为新物质（生成物）的过程。在这一过程中，反应物中通过一级聚集力（化学键）或二级聚集力（分子间作用力或氢键）聚集的原子（包括拟原子或原子团）先要分离，然后这些分离的原子再按一定比例重新聚集形成新的物质。由于分离的原子和重新聚集的原子是同一批原子，因此反应前后原子的种类与个数都不会改变，即参加反应的旧物质（反应物）的总质量等于反应后生成新物质（生成物）的总质量。此即质量守恒原理。以图5.14木炭在纯氧中的燃烧实验为例，该反应的实验现象是木炭在氧气中剧烈燃烧，发出白光，放出热量，生成能使澄清石灰水变浑浊的气体。这是我们宏观上观察到的现象。如果从微观来看，则可以从图5.15来研究。

图5.14 木炭在纯氧中的燃烧

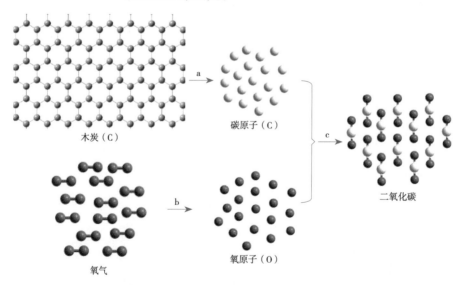

碳原子（C）

木炭（C）

二氧化碳

氧气

氧原子（O）

图5.15 木炭在纯氧中燃烧的球棍模型微观过程

图5.15中木炭在纯氧中燃烧的微观过程可以说明以下事实：

①从物质的微观结构球棍模型来看，木炭的原子聚集方式与石墨类似，属于特殊的非分子型纯净物，而氧气和二氧化碳则属于分子型纯净

物。很明显，反应物与生成物的原子聚集方式是不同的，因此反应物的原子需要分离并按生成物的方式重新聚集。

②a过程中木炭的一级聚集力（共价键）被破坏（化学键断裂），原来紧密结合的C原子分离为较为自由的C原子。类似地，b过程中氧气的一级聚集力（共价键）也被破坏，氧气分子中两个紧密结合的O原子分离为较自由的O原子。c过程中1个C原子与2个O原子通过一级聚集力（共价键）形成1个直线形的二氧化碳分子。综合a、b和c三个过程就是原子的分离与重新聚集的过程。

木炭在纯氧中燃烧的微观过程例子说明：化学反应既是原子的分离和重聚过程，也是反应物的一级聚集力的破坏（化学键的断裂）和生成物的一级聚集力的形成（化学键的形成）过程。一般破坏一级聚集力需要吸收能量，而形成一级聚集力则放出能量，即键断裂吸能，键形成放能。

宇宙间无永恒的物质，只要条件达到，旧的物质中的原子就要分离并重新聚集成新的物质。在微观上，研究化学反应就是研究原子的分离与聚集的规律。

自我检测五

一、判断题

1. 由一种元素组成的物质肯定是纯净物。　　　　　　　　（　　）

2. 分子球棍模型是分子的真实"长相"。　　　　　　　　（　　）

3. 球棍模型中的棍子代表相邻原子间较强的结合力。　　　（　　）

4. 分子型纯净物的二级聚集是分子聚集，所以不算原子聚集。（　　）

5. 一般纯净物的一级聚集力要比二级聚集力强。　　　　　（　　）

6. 常温常压下呈液态的纯净物一定是分子型纯净物。　　　（　　）

7. 纯净物的一级聚集都是微聚集。　　　　　　　　　　　（　　）

8. 化学反应是原子的分离与聚集的过程。　　　　　　　　（　　）

9. 在纯净物中，原子团可以像分子一样具有一定独立性。　（　　）

10. 在某些条件下，纯净物中的原子团可以独立出来形成离子。（　　）

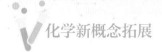

二、填空题

1. 根据表5.3中的几种物质的物理性质判断其是否为分子型纯净物，并说明理由。

表5.3 几种物质的物理性质

物质名称	物质外观	物理性质	是否为分子型 纯净物	理由
金刚石		常温下为固态，熔点约3550℃，硬度很大，不导电		
石墨		常温下为固态，熔点约3675℃，质软，可导电		
白磷		常温下为固态，易自燃，熔点约44.1℃，硬度较小，不导电		
单斜硫		常温下为固态，易升华，熔点约112.8℃，硬度较小，不导电		

2. 比较下列三种分子型纯净物的分子间作用力大小：_____（物质用相应的字母表示）。

 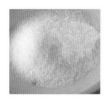

（a）黄绿色气体氯气　　　（b）白色固体蔗糖　　　（c）无色液体醋酸

3. 根据下列纯净物的微观结构球棍模型判断其是否属于分子型纯净物，是则在相应括号里打"√"，否则打"×"。

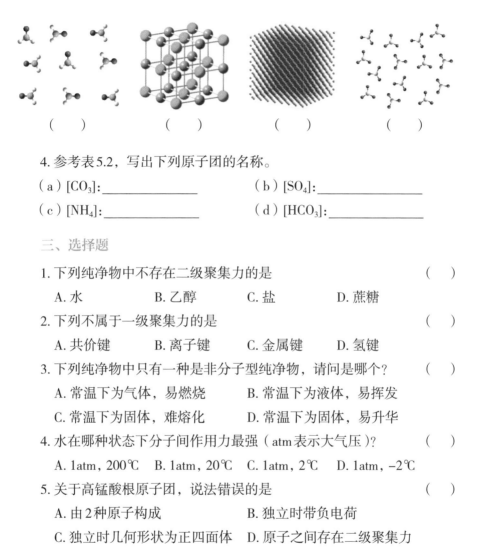

（　　）　　　　　（　　）　　　　　（　　）　　　　　（　　）

4.参考表5.2，写出下列原子团的名称。

（a）[CO₃]：＿＿＿＿＿＿＿＿　　　（b）[SO₄]：＿＿＿＿＿＿＿＿＿

（c）[NH₄]：＿＿＿＿＿＿＿＿　　　（d）[HCO₃]：＿＿＿＿＿＿＿＿

三、选择题

1.下列纯净物中不存在二级聚集力的是　　　　　　　　　　　　（　　）

　　A.水　　　　　　B.乙醇　　　　　C.盐　　　　　D.蔗糖

2.下列不属于一级聚集力的是　　　　　　　　　　　　　　　　（　　）

　　A.共价键　　　　B.离子键　　　　C.金属键　　　　D.氢键

3.下列纯净物中只有一种是非分子型纯净物，请问是哪个？　　　（　　）

　　A.常温下为气体，易燃烧　　　　B.常温下为液体，易挥发

　　C.常温下为固体，难熔化　　　　D.常温下为固体，易升华

4.水在哪种状态下分子间作用力最强（atm表示大气压）?　　　（　　）

　　A.1atm，200℃　　B.1atm，20℃　　C.1atm，2℃　　D.1atm，−2℃

5.关于高锰酸根原子团，说法错误的是　　　　　　　　　　　　（　　）

　　A.由2种原子构成　　　　　　B.独立时带负电荷

　　C.独立时几何形状为正四面体　D.原子之间存在二级聚集力

第6章

纯净物的符号表征——化学式

🔬 6.1 纯净物的元素组成与原子构成

纯净物是具有确定元素组成与原子构成的物质。元素组成指的是纯净物里含有哪几种元素，属于宏观定性认知；原子构成则是指构成纯净物的不同种元素原子的个数比（最简比），属于微观定量认知。

要确定纯净物的元素组成与原子构成需要采用多种实验技术手段，如燃烧法、光谱法、色谱法、质谱法、能谱法及热谱法等。这些元素分析法在后续的学习中会陆续遇到，初中阶段可以从简单的水的电解实验来体验物质元素组成与原子构成的研究过程。

图6.1是水的电解实验，该实验的实验现象为：两个电极上同时产生气体，其中，阴极上产生的气体体积是阳极上产生的气体体积的两倍。经检验，阴极上产生的气体是氢气，而阳极上生成的气体是氧气。根据以上实验证据可以对水的元素组成及原子构成进行以下推理：

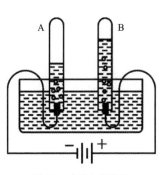

图6.1 水的电解实验

①因为水的电解产物为氢气和氧气，所以水应该由氢元素和氧元素组成。

②水电解生成的氢气的体积是氧气体积的两倍，根据"同温同压下，不同气体的体积比等于其分子数比"的原理（阿伏伽德罗定律，高中会学到）可知，水中的氢原子应该是氧原子的两倍（具体推导如图6.2所示），即水由氢原子和氧原子按2∶1的个数比构成。

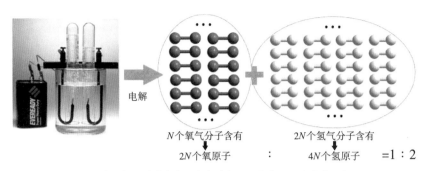

电解

N个氧气分子含有　　　　　2N个氢气分子含有

2N个氧原子　：　　4N个氢原子　=1：2

图6.2　水电解生成的氧气和氢气中氧原子与氢原子的个数比推导

虽然截至目前科学家已经确定几千万种纯净物的元素组成与原子构成，但是自然界还有大量存在的物质等待发现，还有大量不存在的物质等待创造。

6.2　化学式的形式及其含义

6.2.1　化学式的形式

水这种物质中文名称为"水"，英文名称为"water"，法语为"Eau"，韩语为"물"，等等。如果同一纯净物各国都用自己的语言表示，这对国际间的科学交流是不便的。另外，从"水"这个名称也看不出水的元素组成与原子构成。因此必须有一种通用的"语言"来表示纯净物，这种语言不但世界各国人都认识，而且能表示出纯净物的元素组成与原子构成。这种语言即化学式，化学式是一种重要的化学语言。

化学式是由英文字母、数字和必要符号组成的、用来描述纯净物的元素组成及原子（拟原子）构成的式子。化学式中的英文字母为元素符号，表示纯净物元素组成，数字以英文字母的下标来呈现（数字也称为角码），反映了纯净物原子（包括拟原子，即原子团）构成。当数字为"1"时可省略。图6.3分别给出了水和硝酸镁的化学式中符号的意义。

图6.3（b）中，硝酸镁中含有原子团硝酸根（NO_3^-），为了研究方便，把原子团当作原子看待，即拟原子。从硝酸镁的化学式中可看出，它是由镁、氮和氧元素组成的，其中镁原子和硝酸根拟原子个数比为1：2。如果

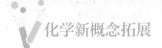

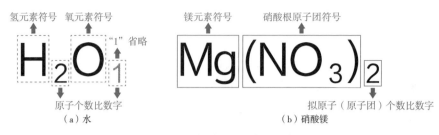

图6.3　水和硝酸镁化学式符号的意义

不把硝酸根看作拟原子，则硝酸镁的原子构成即镁原子、氮原子和氧原子的比例为1∶2∶6，这样既复杂又缺失了原子团信息。由于纯净物的化学性质跟其所含原子团有关，因此把原子团拆开，不利于研究纯净物的化学性质。

6.2.2　化学式的含义

6.2.2.1　单一化学式的含义

作为一种重要的化学语言，化学式具有丰富的含义。化学式的含义主要有：①表示某种纯净物；②表示该纯净物的元素组成；③表示该纯净物的原子构成。

例6.1：说出下列纯净物化学式的含义。

（1）二氧化碳的化学式CO_2；（2）硫酸的化学式H_2SO_4。

答：（1）化学式CO_2的含义为：①表示二氧化碳这种物质；②表示二氧化碳由碳元素与氧元素组成；③表示二氧化碳中碳原子与氧原子的比例为1∶2。

（2）化学式H_2SO_4的含义为：①表示硫酸这种物质；②表示硫酸由氢元素、氧元素与硫元素组成；③表示硫酸中氢原子与硫酸根拟原子的比例为2∶1。

6.2.2.2　数字＋化学式的含义

（1）纯净物微元及其含义

化学式中的数字意义是表示不同原子（拟原子）的个数比，如果把该数字看作是个数，则化学式可以表示一个微观内容单位（包含若干个原子或拟原子）。例如：NaCl表示1个氯原子和1个钠原子组成的1个微观内容单位，Fe_3O_4表示3个铁原子和4个氧原子组成的1个微观内容单位，$(NH_4)_2CO_3$表示2个铵根拟原子和1个碳酸根拟原子组成的1个微观内容单位，等等。化学式表示的这个微观内容单位代表了物质的微观构成。

以上化学式表示的微观内容单位称作微元。微元是把化学式中的数字看作个数时化学式所表示的一个可代表物质微观构成的微观内容单位。由于微元是编者提出的一个全新的微观概念（目前各个阶段的化学教材还未出现过），因此，为了帮助读者更好地理解和使用该概念，现对该概念做以下说明：

①不像分子是真实存在的微观粒子，微元只是人为定义的一个代表纯净物原子构成的微观内容单位，里面包含若干个原子（团）。它只有内容意义，没有结构意义。它不像分子一样具有确定的几何形状。举个例子，假设苹果与梨分别代表两种原子，则把1个苹果与2个梨放在一起是微元，而树上真的长1个苹果伴生2个梨是分子（假设存在这样的树），如图6.4所示。尽管两者内容一样，但本质不同，此即微元与分子的区别。

| 这是1个苹果与2个梨的组合，它们并没有天然就结合在一起，是各自分别从苹果树和梨树上摘下来并人为组合在一起的，就像微元一样。因此，微元只有内容意义，无结构意义 | 这是一棵特殊的树（假设名称为苹果梨树）上长的水果，1个苹果与2个梨共生在一起，这棵树上的所有水果都是这样天然组合的。这种特殊的水果就像分子，既有内容，又有结构 |

图6.4 用苹果与梨来比喻微元与分子区别

②有了微元的概念，则任何宏观定量的纯净物的内容在微观上都可以分割为数量一定的微元。如图6.5所示，假设有一把"微观手术刀"，则氯化钠的微观结构内容可以"解剖"为一个个NaCl微元。除了氯化钠，任何具有化学式的纯净物的微观结构内容都可以用想象中的"微观手术刀""解剖"为一个个微元。

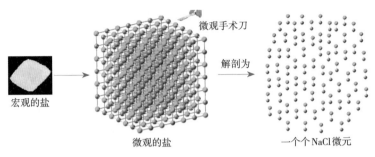

微观手术刀

宏观的盐

微观的盐

一个个NaCl微元

图6.5　在想象中进行的NaCl微观内容的解剖过程

③微元的含义与化学式有关，因此微元前面最好跟有化学式，否则当某种纯净物有两种化学式时会引起误解，如可以表示为"NaCl微元""CO_2微元"和"$CaCO_3$微元"等。注意，微元是纯净物的微元，它的名称的读法为"某某纯净物的微元"，如金刚石的化学式为C，则"C微元"应读为"金刚石微元"，而不能读为"碳微元"，因为碳只是元素，而金刚石才是纯净物。

④微元概念的提出方便我们从微观上对纯净物的粒子内容进行量化，实现宏观辨识与微观探析的统一，有助于化学核心素养的发展。例如，任何纯净物的质量与其所含有微元数目之间存在一定的正比数学关系，根据这个关系就可以求出一定质量的纯净物中含有的微元数目。在第7章中，你将学到这个数学关系。

⑤从微观内容角度来看，化学反应的过程可以认为是反应物的微元数目逐渐减小而生成物微元数目逐渐增大的过程。

例6.2：已知4g的碳酸钙含有的$CaCO_3$微元数为N，则40g的碳酸钙含有的$CaCO_3$微元数为多少？

答：由于纯净物的质量与其微元数目是正比关系，因此40g的碳酸钙所含微元数目应该是4g碳酸钙的10倍，即10N。

（2）数字+化学式的含义

当化学式前面出现数字时，化学式只保留微观的含义，即表示纯净物微元的个数。如$2H_2O_2$、$3NaOH$和$4KMnO_4$分别表示为2个过氧化氢微元、3个氢氧化钠微元和4个高锰酸钾微元。

由于当化学式前面数字为"1"时可省略，因此数字为"1"的"数字+

化学式"等价于单一化学式，因此单一化学式又多了一个含义：表示纯净物的1个微元。这样包括前面三个含义，单一化学式总共有四个含义。

6.3　特殊的化学式——分子式

你遇到的大多数化学式中的数字是互质的，即其最大公约数是1。但是当你碰到类似H_2O_2（过氧化氢）、C_2H_4（乙烯）和$C_2H_4O_2$（乙酸或醋酸）这样的化学式时，你可能会疑惑它们的数字为什么是可约的？要找到问题的答案，需要进一步学习分子与分子纯净物。

6.3.1　分子——分子型纯净物的天然"微元"

在前文中，我们已知道分子型纯净物是由分子通过分子间作用力聚集而形成的，存在一级聚集力（共价键）和二级聚集力（分子间作用力）。例如，过氧化氢、乙烯和乙酸等三种分子型纯净物的微观结构球棍模型如图6.6所示。

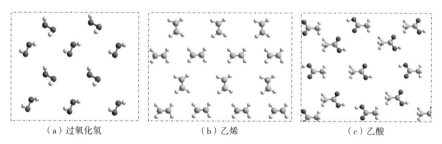

（a）过氧化氢　　　　　（b）乙烯　　　　　（c）乙酸

图6.6　过氧化氢、乙烯和乙酸的微观结构球棍模型

●O；●C；●H

从图6.6中可以看出，分子型纯净物微观上就已经自动分为一个个内容与结构都相同的分子，不需要像氯化钠一样用"微观手术刀"来"解剖"。因此，分子是分子型纯净物天然的"微元"。这里微元加双引号表示，虽然分子具有微元的原子组合固定的特点，但它不等同于微元，因为分子中不但相邻原子间存在结合力且它具有确定的几何形状，而这是微元所没有的。不过，如果只考虑分子含有的原子内容而忽略其他，则分子与微元含义一样。

6.3.2 分子是保持分子型纯净物化学性质的最小粒子

分子型纯净物中有原子一级聚集力和二级聚集力。在这两种聚集力中，破坏二级聚集力只是引起物理变化，如水的蒸发，如图6.7（a）所示；而破坏一级聚集力则会引起化学变化，如水的分解，如图6.7（b）所示。

从图6.7中可知，宏观上水分解生成氢气与氧气，在微观上其实是一个个水分子中的氢原子和氧原子分离后，重新聚集形成氧气分子和氢气分子。宏观上，水的化学反应其实是微观上水分子化学反应的总和。微观水分子具有什么化学性质，宏观水就具有什么化学性质。但当水分子分解为氢原子和氧原子后，氢原子和氧原子所具有的化学性质就不能代表水的化学性质了。因为氢原子和氧原子可以构成多种物质，如氢气（H_2）、氧气（O_2）、臭氧（O_3）和过氧化氢（H_2O_2）等。所以说：

分子是保持分子型纯净物化学性质的最小粒子。

由于非分子型纯净物中不存在类似于分子一样的独立微观粒子，所以非分子型纯净物也不存在代表其化学性质的最小粒子。

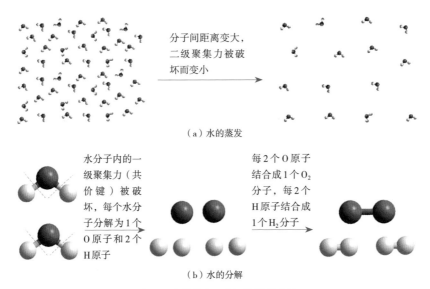

（a）水的蒸发

分子间距离变大，二级聚集力被破坏而变小

水分子内的一级聚集力（共价键）被破坏，每个水分子分解为1个O原子和2个H原子

每2个O原子结合成1个O_2分子，每2个H原子结合成1个H_2分子

（b）水的分解

图6.7 水的蒸发和分解的微观过程

6.3.3　分子式——表示分子构成的式子

由于分子既可代表分子型纯净物的元素组成与原子构成，又可以代表分子型纯净物的化学性质，因此研究分子型纯净物在微观层面变成了研究其分子。要研究分子，首先要对分子进行表达，因此产生了分子式。分子式是描述分子型纯净物中分子的原子构成的一种特殊的化学式。只要给出分子的球棍模型，则不难写出该分子的分子式。如图6.8所示，从磷酸、丙烷（罐装液化气主要成分）和甘氨酸（最简单的氨基酸）的分子球棍模型不难得出它们的分子式分别为 H_3PO_4、C_3H_8 和 $C_2H_5NO_2$。

（a）磷酸　　　　　　（b）丙烷　　　　　　（c）甘氨酸

图6.8　磷酸、丙烷与甘氨酸的分子球棍模型

图6.8中，磷酸中含有$[PO_4]$原子团，在分子式中不能拆开，而且一般放在最右边；丙烷和甘氨酸不含有原子团，一般分子式按C、H、N、O的顺序陈列。

一般化学式中，原子（拟原子）的角码是互质的，表示不同原子（拟原子）的最简比。而分子式中的角码表示的是分子中不同原子的确切的个数，这些个数有时可约，如图6.6中的 H_2O_2、C_2H_4 和 $C_2H_4O_2$；有时不可约，如图6.8中的 H_3PO_4、C_3H_8 和 $C_2H_5NO_2$。此即分子式不同于一般化学式的地方。当你碰到的化学式中原子（拟原子）的个数比不是最简比时，该化学式极大可能是分子式。

使用分子式时要注意，当表述"某某纯净物的分子式……"时，第一要确定该纯净物是分子型纯净物，第二要确定分子式的表示与分子的原子构成一致。

尽管分子具有确定的几何形状，但从分子式不能判断分子的几何形状，所以要完全了解某种分子，除了知道它的分子式外，还要知道它的空间几何形状。在初中阶段只要求认识分子的构成（构成分子的原子种类及个数），而高中阶段则要求了解常见分子的构成及其空间几何结构。结构决定性质，了解分子的空间几何结构，有时会对预测分子的性质有所帮助。表6.1中给出了中学阶段一些特殊分子的球棍模型。

表 6.1　中学阶段一些特殊分子的球棍模型及分子式

物质名称	球棍模型	分子式	物质名称	球棍模型	分子式
白磷		P_4	单斜硫		S_8
氯仿		$CHCl_3$	肼（联氨）		N_2H_4
二氯亚砜		$SOCl_2$	光气		$COCl_2$
立方烷		C_8H_8	乙硼烷		B_2H_6

6.3.4　分子式与化学式的联系及区别

分子式是一种特殊的化学式，因此化学式包含分子式。但是一般的化学式只是给出纯净物的元素组成及原子构成，并不说明纯净物的类别，即是否为分子型纯净物。即使你知道该纯净物是分子型纯净物，但它的化学式不一定是分子式，也有可能是实验式（将在6.4节"其他化学式"中介绍）。相比于化学式，分子式对纯净物的认识更深入。当某纯净物用分子式描述时，则说明该纯净物肯定为分子型纯净物，而且其分子的原子构成和分子式表示的一致，尽管分子的几何形状不得而知。

相比化学式，分子式的应用范围较小，又有前提限制，在使用时容易出错，因此，在使用分子式表示纯净物时要特别小心，确保无误后再使用。

6.3.5 分子式的含义

由于分子式是化学式的一种，因此化学式的四个含义分子式都会有。分子式与化学式前三个含义是一样的，而第四个含义有些区别。化学式表示的是一个纯净物微元，而分子式表示的是一个纯净物分子。

分子式前加的数字表示分子的个数，如$2H_2$、$3O_2$和$4H_2O$分别表示2个氢气分子、3个氧气分子和4个水分子。

例6.3：已知丙酮是一种有机清洁剂，常用于清洁光学镜头。它的分子式为C_3H_6O。回答问题：（1）说出分子式C_3H_6O的四个含义；（2）写出3个丙酮分子的表达式。

答：（1）①表示丙酮这种纯净物；②表示丙酮由碳、氢、氧三种元素组成；③表示丙酮中碳原子、氢原子和氧原子的个数比为$3:6:1$；④表示1个丙酮分子。

（2）$3C_3H_6O$。

6.4 其他化学式

同一元素形成的多种单质称作同素异形体。固体硫有多种同素异形体，如斜方硫、单斜硫和弹性硫。其中，斜方硫和单斜硫都是分子型纯净物，分子式为S_8，而弹性硫为非分子型纯净物，只能用化学式S来表示。类似地，固体磷也有多种同素异形体，分别为白磷、红磷、紫磷和黑磷（如图6.9所示）。其中，只有白磷为分子型纯净物（分子式为P_4），其他为非分子型纯净物（化学式为P）。

以上硫和磷的多种同素异形体虽然物理性质差异明显，但化学性质基本相同，因此，对于像硫和磷此类具有多种同素异形体的固体单质，在研究其化学性质时一般将其当作一种单质来看待，不需要按其同素异形体分类说明，这时就可以统一用元素符号来表示所有同素异形体。如化学式

（a）白磷　　　（b）红磷　　　（c）紫磷　　　（d）黑磷

图6.9　磷的四种同素异形体

"S"代表硫的多种同素异形体，统称为硫单质，它们具有相似的化学性质。像S、P这种用元素符号来表示的化学式称为元素符号式。元素符号式除了用于表示非金属单质的多种同素异形体外，也用于表示金属单质（或其同素异形体，如果有的话），如四种常见金属铁、铝、铜和锌的化学式分别为其元素符号Fe、Al、Cu和Zn。

人们在研究某些分子型纯净物时，一开始只知道这些物质中的不同原子个数比，并不了解它的分子构成与几何形状，因此只能用一般的化学式来表示这些物质的微观构成，得到的式子往往与最终确定的分子式不同，这样的式子称为实验式（也称为经验式或最简式）。如三氧化二磷、五氧化二磷和苯的实验式分别为P_2O_3、P_2O_5和CH，而它们的分子式却分别为P_4O_6、P_4O_{10}和C_6H_6（分子球棍模型见图6.10）。这是因为实验式中的数字是原子个数最简比，而分子式中的数字是构成分子中原子的实际个数，这两种数字往往不一致。可以说实验式是分子式的约化。需要说明的是，在本书中，规定实验式只适用分子型纯净物，这仅代表编者的学术观点，不

（a）三氧化二磷　　　（b）五氧化二磷　　　（c）苯

图6.10　三氧化二磷、五氧化二磷和苯的分子球棍模型

具有普适性。可能在有些教材或参考书上，实验式也适用于非分子型纯净物，大家在学习时要注意分辨。

现在，绝大多数像苯的分子型纯净物化学式一般用分子式表示，很少用实验式表示，而个别如三氧化二磷和五氧化二磷由于习惯用得较多的是实验式而不是分子式。

无论是元素符号式还是实验式，其"数字＋化学式"的含义只能表示微元的个数，不能表示分子的个数。如3S表示3个硫单质微元，$4P_2O_5$表示4个五氧化二磷微元等。后者如果说表示4个五氧化二磷分子则是错的，因为P_2O_5只是实验式，不是分子式，尽管五氧化二磷是分子型纯净物。

自我检测六

一、判断题

1. 化学式是表示纯净物元素组成和原子构成的式子。　　　　（　）
2. 纯净物的微元是独立存在的微观粒子。　　　　　　　　（　）
3. 化学式用英文字母与数字来表示的优点是它们全世界通用。（　）
4. 原子是保持分子型纯净物化学性质的最小粒子。　　　　（　）
5. 乙炔的分子式为C_2H_2，苯的化学式为C_6H_6，它们的实验式相同。（　）
6. 白磷的化学式可以是P或P_4，但分子式只能是P_4。　　（　）
7. 同一纯净物的多种微元之间，不同原子的个数比例可能不相等。（　）

二、填空题

1. 写出锰酸钾K_2MnO_4化学式的含义。

（1）＿＿＿＿＿＿＿＿　　　　（2）＿＿＿＿＿＿＿＿

（3）＿＿＿＿＿＿＿＿　　　　（4）＿＿＿＿＿＿＿＿

2. 写出下列式子的含义（P、$KClO_3$、MnO_2和HCl分别为红磷、氯酸钾、二氧化锰和氯化氢的化学式）。

（1）4P:＿＿＿＿＿＿＿　　　（2）$3KClO_3$:＿＿＿＿＿＿

（3）$2MnO_2$:＿＿＿＿＿　　　（4）5HCl:＿＿＿＿＿＿＿

3. 已知维生素C的分子球棍模型如下图所示，则维生素C的分子式为

_____。

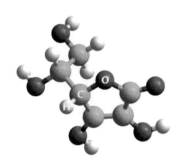

三、选择题

1. 本书中，关于化学式、分子式和实验式，下列说法错误的是　　（　　）

　　A. 分子式和实验式都属于化学式　　B. 实验式是分子式的约化

　　C. 实验式表示纯净物的一个分子　　D. 化学式表示一个纯净物微元

2. 已知某种分子型纯净物X中碳原子和氢原子的比例为1∶2，其分子中含有4个碳原子和8个氢原子，则下列说法正确的是　　　　　　（　　）

　　A. 该纯净物的实验式为C_4H_8　　B. 该纯净物的分子式为CH_2

　　C. $3C_4H_8$表示3个C_4H_8微元　　D. $4CH_2$表示4个X分子

3. 已知五氧化二磷的实验式为P_2O_5，分子式为P_4O_{10}（十氧化四磷），则下列说法中错误的是　　　　　　　　　　　　　　　（　　）

　　A. 五氧化二磷的化学式为P_4O_{10}　　B. 十氧化四磷的化学式为P_2O_5

　　C. 五氧化二磷的分子式为P_4O_{10}　　D. 十氧化四磷的实验式为P_4O_{10}

第7章
原子的相对质量及阿伏伽德罗数值N_A^*

🔬 7.1　元素原子和核素原子及其符号表示

原子的主基因是核电荷数（或质子数），次基因是中子数。元素原子是具有确定主基因的一类原子，可以用元素符号来表示，如H原子、C原子和O原子等。核素原子是具有确定主基因（质子数）和次基因（中子数）的一类原子。可以说，主基因决定原子的元素种类，而主基因与次基因一起决定原子的核素种类。核素原子的符号可以用图7.1的方法来表示。

图7.1　核素原子的表示方法

图7.1中的"A"为元素符号，"Z"为质子数，"M"为质量数，其数值等于质子数与中子数之和，即"M（质量数）=Z（质子数）+N（中子数）"。例如，质子数和中子数都为6的碳核素原子可以表示为$^{12}_{6}C$，质子数为8、中子数为10的氧核素原子可以表示为$^{18}_{8}O$。

由于属于同一元素的不同核素原子化学性质几乎完全相同，所以在化学中谈到原子时，一般指的是元素原子。例如，"碳原子的核外电子数是6"表述中"碳原子"的含义是元素原子，表示不管是$^{12}_{6}C$还是$^{14}_{6}C$核素原子，它们的核电荷数、质子数和核外电子数都是6，都是属于碳元素原子。当然涉及原子的中子数时，元素原子要具体为核素原子。

🔬 7.2 同种元素原子中不同核素原子的丰度

一种元素通常可分为多种核素（或同位素），而且其中不同核素原子的总数量占比不同。例如，Cl元素原子中有两种核素原子分别为$^{35}_{17}$Cl和$^{37}_{17}$Cl，在自然界中它们的数量占比分别约为76%和24%，即自然界中平均每100个Cl原子当中，大约有76个是$^{35}_{17}$Cl原子，有24个是$^{37}_{17}$Cl原子。76%和24%分别称为$^{35}_{17}$Cl和$^{37}_{17}$Cl的丰度。某种核素原子的丰度指的是自然界中这种核素原子的总数占其元素原子总数的比重，通常用百分数表示。表7.1列出了一些常见元素的不同核素原子的丰度。

表7.1 常见元素的不同核素原子的丰度（只考虑稳定同位素）

核电荷数	元素符号	核素原子	丰度
1	H	$^{1}_{1}$H	99.9885%
		$^{2}_{1}$H	0.0115%
6	C	$^{12}_{6}$C	98.93%
		$^{13}_{6}$C	1.07%
7	N	$^{14}_{7}$N	99.632%
		$^{15}_{7}$N	0.368%
8	O	$^{16}_{8}$O	99.757%
		$^{17}_{8}$O	0.038%
		$^{18}_{8}$O	0.205%
11	Na	$^{23}_{11}$Na	100%
16	S	$^{32}_{16}$S	94.93%
		$^{33}_{16}$S	0.76%
		$^{34}_{16}$S	4.29%
		$^{36}_{16}$S	0.02%
13	Al	$^{27}_{13}$Al	100%

续表

核电荷数	元素符号	核素原子	丰度
17	Cl	$^{35}_{17}\text{Cl}$	75.78%
		$^{37}_{17}\text{Cl}$	24.22%
29	Cu	$^{63}_{29}\text{Cu}$	69.17%
		$^{65}_{29}\text{Cu}$	30.83%

在化学中，大多数时候只要求我们认知到元素层次，如描述物质的组成时通常表述为"某物质中含有某元素"。如果从微观角度来深究这句话的含义，可以解读为"这种物质含有该元素的原子，但该元素原子不是最具体的一种原子，可能可以再细分为多种核素原子"。例如，"水中含有氧元素"这句话的微观深刻含义是：水中含有数目巨大的 O 原子，O 原子不是一种最具体的原子，它可以再细分为 $^{16}_{8}\text{O}$、$^{17}_{8}\text{O}$ 和 $^{18}_{8}\text{O}$ 三种核素原子，它们的丰度分别为 99.757%、0.038% 和 0.205%，即构成水的所有 O 原子当中，$^{16}_{8}\text{O}$ 原子占总数的 99.757%，$^{17}_{8}\text{O}$ 原子占 0.038%，$^{18}_{8}\text{O}$ 原子占 0.205%。

7.3　核素原子的绝对质量和相对质量

核素原子是一种具体的原子，它含有确定的质子数和中子数，质量虽小，但也有具体的数值，如常见核素原子的绝对质量见表 7.2。

表 7.2　常见核素原子的绝对质量

核素原子	绝对质量 /g	核素原子	绝对质量 /g
$^{1}_{1}\text{H}$	0.167353×10^{-23}	$^{12}_{6}\text{C}$	1.992647×10^{-23}
$^{14}_{7}\text{N}$	2.325265×10^{-23}	$^{16}_{8}\text{O}$	2.656018×10^{-23}
$^{23}_{11}\text{Na}$	3.817541×10^{-23}	$^{35}_{17}\text{Cl}$	5.806715×10^{-23}

由于核素原子的绝对质量数值非常小，使用很不方便，这促使科学家们寻找能方便表示核素原子质量的方法。经尝试与检验，科学家们发现用

相对质量来描述核素原子质量非常方便。相对质量的单位是"1"，"1"指一份标准质量。一个核素原子的质量分为多少份标准质量，则该核素原子的相对质量就是多少个"1"。历史上，科学家们对1份标准质量的大小有过多种选择，最终于1961年确定使用一个$_6^{12}$C原子质量的1/12作为一份标准质量，即

$$m_{标准} = \frac{m_{_6^{12}C}}{12} = \frac{1.992647 \times 10^{-23}\,g}{12} = 0.1660539 \times 10^{-23}\,g \qquad (7.1)$$

有了标准质量的数值，不难算出表7.2中的核素原子的相对质量为（保留1位小数）：

$$M_r\left(_1^1H\right) = \frac{0.167353 \times 10^{-23}\,g}{0.1660539 \times 10^{-23}\,g} \approx 1.0$$

$$M_r\left(_6^{12}C\right) = \frac{1.992647 \times 10^{-23}\,g}{0.1660539 \times 10^{-23}\,g} \approx 12.0$$

$$M_r\left(_7^{14}N\right) = \frac{2.325265 \times 10^{-23}\,g}{0.1660539 \times 10^{-23}\,g} \approx 14.0$$

$$M_r\left(_8^{16}O\right) = \frac{2.656018 \times 10^{-23}\,g}{0.1660539 \times 10^{-23}\,g} \approx 16.0$$

$$M_r\left(_{11}^{23}Na\right) = \frac{3.817541 \times 10^{-23}\,g}{0.1660539 \times 10^{-23}\,g} \approx 23.0$$

$$M_r\left(_{17}^{35}Cl\right) = \frac{5.806715 \times 10^{-23}\,g}{0.1660539 \times 10^{-23}\,g} \approx 35.0$$

以上计算结果表明，$_1^1H$、$_6^{12}C$和$_7^{14}N$三种核素原子的相对质量分别为1.0、12.0和14.0，近似为整数。除了这三种核素原子，所有其他的核素原子的相对质量也都近似为整数，而且不大于300，更巧的是，取整数后的数值等于质量数（质子数与中子数之和），方便记忆。因此，核素原子的相对质量使用起来要比绝对质量方便得多。

核素原子的相对质量只是一种方便使用的"虚质量"，如果要想知道核素原子的真实质量，把相对质量乘以式（7.1）中的标准质量$m_{标准}$即

可。你可以根据该方法帮帮图 7.2 中的 $^{40}_{20}$Ca 核素原子计算它的真实质量，已知 $^{40}_{20}$Ca 的相对质量约为 40.0。

图 7.2 $^{40}_{20}$Ca 核素原子的绝对质量的计算

⚛ 7.4 元素原子的绝对质量和相对质量

如果你在一个原子班级点名，当你点到"氧原子"时，你会发现举起手来的不止 1 个原子，而是 3 个原子，它们分别是 $^{16}_8$O、$^{17}_8$O 和 $^{18}_8$O 核素原子（见图 7.3），它们都属于氧原子家族，分属家族不同派别。既然几乎所有的元素原子都包含多种核素原子，那么元素原子的绝对质量和相对质量指的是什么，如何计算呢？

当一级客体可再分为多种二级客体时，一级客体的性质即多种二级客体该种性质的综合平均体现。例如，"我们班学生的身高"的表述中，一级客体是"我们班学生"，二

图 7.3 点名"氧原子"

级客体是"我们班每位学生"，性质是身高，含义是我们班学生的身高的综合平均表现，通俗来讲即平均身高。把这个例子迁移至元素质量，则元素原子的绝对质量指的是该元素的所有核素原子的平均绝对质量。

假设某种元素原子 A 包含的稳定核素原子（不考虑个数一直减小的放射性核素原子）为 A_1，A_2，$\cdots$，A_n，质量分别为 m_1，m_2，$\cdots$，m_n，在宇宙中存在的个数分别为 N_1，N_2，$\cdots$，N_n，则该元素原子的绝对质量可以用以下公式来计算：

$$m(A) = \frac{m_1 \times N_1 + m_2 \times N_2 + \cdots + m_n \times N_n}{N_1 + N_2 + \cdots + N_n}$$

$$= m_1 \times \frac{N_1}{N_1 + N_2 + \cdots + N_n} + m_2 \times \frac{N_2}{N_1 + N_2 + \cdots + N_n}$$

$$+ \cdots + m_n \times \frac{N_n}{N_1 + N_2 + \cdots + N_n}$$

$$= m_1 x_1 + m_2 x_2 + \cdots + m_n x_n \qquad (7.2)$$

式（7.2）中，x_1，x_2，$\cdots$，x_n 分别为不同核素原子的丰度。把原子的绝对质量 $m(A)$ 除以标准质量 $m_{标准}$ 即可得原子的相对质量，计算公式为：

$$M_r(A) = \frac{m(A)}{m_{标准}} = \frac{m_1 x_1 + m_2 x_2 + \cdots + \cdots m_n x_n}{m_{标准}}$$

$$= \frac{m_1}{m_{标准}} x_1 + \frac{m_2}{m_{标准}} x_2 + \cdots + \frac{m_n}{m_{标准}} x_n$$

$$= M_r(A_1) x_1 + M_r(A_2) x_2 + \cdots + M_r(A_n) x_n \qquad (7.3)$$

式（7.3）表明：元素原子的相对质量即所有核素原子的相对质量平均值，数值上等于每种核素原子的相对质量与丰度的乘积的和。

例 7.1：已知氯元素的两种稳定核素原子 $^{35}_{17}Cl$ 和 $^{37}_{17}Cl$ 的相对原子质量分别为 34.969 和 36.966，丰度分别为 75.78% 和 24.22%，请计算 Cl 原子的相对质量。

解：根据式（7.3）可得

$$M_r(Cl) = 34.969 \times 0.7578 + 36.966 \times 0.2422 = 35.4527 \approx 35.45$$

答：Cl 原子的相对质量约为 35.45。

以上数值即元素周期表上氯原子的相对原子质量（见图7.4）。

如果用核素原子的质量数近似代替其相对质量（相当于对相对原子质量取整），则可得元素原子的近似相对质量为：

$$M_r\left(Cl，近似\right)=35\times0.7578+37\times0.2422=35.4844$$

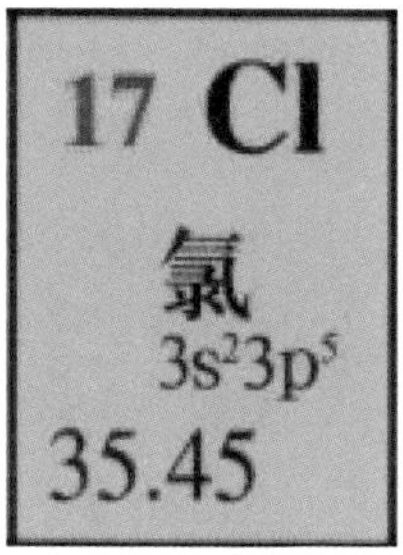

图7.4　元素周期表中的Cl原子信息

7.5　阿伏伽德罗数值 N_A^*——联系原子个数与其总质量的桥梁

元素原子不是一种具体的原子，而是多种核素原子的合体，它的相对原子质量只是多种核素原子的平均相对质量。这个超出初中化学教材要求范围的知识可能会让你觉得原子更复杂，给学习化学带来了一些困扰。但其实在绝大多数时候可以把元素原子当作一种具体原子而忽略其可以再分为核素原子，并且这种处理对研究问题没有任何影响。比如，从本节开始将只讲元素原子，不再讲核素原子，你会发现对你接下来学习化学是没有任何影响的。

当你在学习元素的相对原子质量后，你有没有犯过图7.5中的同学所犯的错误？

图7.5　容易搞错单位的相对原子质量

尽管你知道相对原子质量的单位是"1"，"1"的含义是一份标准质量 $m_{标准}$，$m_{标准}=0.1660539 \times 10^{-23}g$，但由于有质量单位 kg 或 g 的固化思维，有时候难免会出现如图7.5中的口误。对于这样的口误，有些同学一笑而过，有些同学开始思考：12g 的 C 原子集合体含有多少个 C 原子？接下来让我们来推导一下。

要想知道 12g 的 C 原子集合体含有多少个 C 原子，则须先知道一个 C 原子重多少克。设 12g 的 C 原子集合体含 N 个 C 原子，一个 C 原子的质量为 m_C，由于 C 原子的相对原子质量为 12.0，则有：

$$m_C = m_{标准} \times 12.0$$

$$N = \frac{12g}{m_C} = \frac{12g}{m_{标准} \times 12.0} = \frac{1g}{0.1660539 \times 10^{-23}g} \approx 6.02 \times 10^{23}$$

以上推导表明：当 C 原子集合体的质量（以 g 为单位）在数值上等于其相对原子质量时，其包含 C 原子的个数约为 6.02×10^{23}。该规律是否适用于所有原子呢？

设某种原子 A 集合体质量为 $M_r g$（M_r 为该原子的相对原子质量），则其包含的原子个数 N 为：

$$N = \frac{M_r g}{m_A} = \frac{M_r g}{m_{标准} \times M_r} = \frac{1g}{0.1660539 \times 10^{-23}g} \approx 6.02 \times 10^{23}$$

以上推导过程表明：对于相对质量为 M_r 的原子，当它的集合体质量为 $M_r g$ 时，其包含的原子个数等于 1g 质量中含有的 $m_{标准}$（以 g 为单位）的份数，即 $\frac{1g}{m_{标准}}$。由于 $m_{标准} = \frac{m_{^{12}_6C}}{12}$，则 $\frac{1g}{m_{标准}} = \frac{12g}{m_{^{12}_6C}}$。$\frac{12g}{m_{^{12}_6C}}$ 的含义是 12g 的 $^{12}_6C$ 原子集合体中含有的 $^{12}_6C$ 原子的个数。因此，以上规律又可以描述为：对于相对原子质量为 M_r 的原子，当它集合体质量为 $M_r g$ 时，其包含的原子个数等于 12g 的 $^{12}_6C$ 集合体中含有的 $^{12}_6C$ 原子的个数，该数值称为阿伏伽德罗数值，用符号 N_A^* 表示。即：

$$N_A^* = \frac{12g}{m\left(^{12}_6C\right)} = \frac{12g}{1.992647 \times 10^{-23}g} \approx 6.02 \times 10^{23} \tag{7.4}$$

N_A^* 的最新的测量值为 $6.02214076 \times 10^{23}$，在计算中常近似为 6.02×10^{23}。

有了阿伏伽德罗数值 N_A^*，我们可以计算任何质量的原子集合体所包含的原子个数，计算公式如下：

$$N(A) = \frac{m_A}{M_r(A)g} \times N_A^* \qquad (7.5)$$

其中，m_A 为某种原子 A 集合体质量；$M_r(A)$ 为原子 A 的相对原子质量；$N(A)$ 为原子 A 的个数。注意相对原子质量 $M_r(A)$ 后面要乘以质量单位 g 才能保证公式合理。

如果某种物质只含有一种原子（如单质），则根据式（7.5）可以计算已知质量的该物质所含有的原子个数，如 24g 的钻石所含的 C 原子的个数可以计算为：

$$N = \frac{m}{M_r g} \times N_A^* = \frac{24g}{12g} \times 6.02 \times 10^{23} = 1.204 \times 10^{24}$$

N_A^* 在化学计算中的意义重大，它是联系物质宏观质量及其包含的微观粒子个数的桥梁。随着学习的逐渐深入，你将越来越体会到这个桥梁的重要性。

例 7.2：计算下列物质中所含原子的个数。（相对原子质量：S 为 32；P 为 31）。

（1）16g 硫单质；（2）9.3g 的白磷与红磷的混合物。

解：

（1）$N(S) = \frac{m_S}{M_r(S)g} \times N_A^* = \frac{16g}{32g} \times N_A^* = 0.5 N_A^*$ 或 3.01×10^{23}。

（2）不管是白磷还是红磷，都只含有一种原子 P，故有：

$$N(P) = \frac{m_P}{M_r(P)g} \times N_A^* = \frac{9.3g}{31g} \times N_A^* = 0.3 N_A^* \text{或} 1.806 \times 10^{23}$$

答：（1）含有硫原子的个数为 $0.5 N_A^*$ 或 3.01×10^{23}；

　　　（2）含有磷原子的个数为 $0.3 N_A^*$ 或 1.806×10^{23}。

例 7.2 表明，为了简便起见，原子个数的单位可以用 N_A^* 表示，如果没有特别说明要算出确切的数值，在类似的计算中这种处理是允许的。

7.6　根据化学式（包括分子式和实验式）计算

有了相对原子质量，根据物质的化学式可以进行多种计算，下面将介绍常见的几种计算。

7.6.1　根据纯净物化学式计算纯净物相对微元质量

化学式其中一个含义是表示纯净物的一个微元，该微元中原子的种类与个数是确定的，因此微元的相对质量也是确定的。相对微元质量与其所包含的原子的相对质量之间关系为：相对微元质量等于构成它们的原子的相对质量之和，用公式表示如下：

$$M_r(微元)=\sum_A n_A M_r(A) \tag{7.6}$$

式（7.6）中，n_A 为微元中某种原子 A 的个数；$M_r(A)$ 为原子 A 的相对原子质量。

例7.3：分别计算 CH_4（甲烷）和 $CaCO_3$（碳酸钙）的相对微元质量，已知 H、C、Ca、O 的相对原子质量为 1.0、12.0、40.0 和 16.0。

解：（1）一个 CH_4 微元由 1 个 C 原子和 4 个 H 原子构成，则 CH_4 的相对微元质量为：

$$M_r(CH_4)=M_r(C)\times1+M_r(H)\times4=12.0\times1+1.0\times4=16.0$$

（2）一个 $CaCO_3$ 微元由 1 个 Ca 原子、1 个 C 原子和 3 个 O 原子构成，则 $CaCO_3$ 的相对微元质量为：

$$M_r(CaCO_3)=M_r(Ca)\times1+M_r(C)\times1+M_r(O)\times3$$
$$=40.0\times1+12.0\times1+16.0\times3=100$$

答：CH_4 和 $CaCO_3$ 的相对微元质量分别为 16 和 100。

以上计算表明，纯净物的相对微元质量跟其化学式有关，如果一种纯净物由多种化学式表示时，根据每种化学式计算的相对微元质量也不相同。如三氧化二磷的分子式为 P_4O_6、实验式为 P_2O_3，那么根据前者计算得到相对微元质量为 220，而根据后者计算出来的相对微元质量为 110，前者是后者的两倍，这是因为 1 个 P_4O_6 微元等于 2 个 P_2O_3 微元。因此，对于只有一种化学式的纯净物，提到其相对微元质量时不需要强调其化学式，但对于有多种化学式的纯净物，提到相对微元质量时要说明其化学式。

需要说明的是，相对微元质量是编者首次提出来的新名词，目前国内的教材中还未出现过。在国内目前的中学化学教材中，使用的是相对分子质量。严格来讲，相对分子质量只适用于分子式，不适用于一般化学式和实验式。而相对微元质量适用于所有类型化学式，包括分子式。因为如果只考虑分子的原子构成，忽略其原子间作用力及几何形状，分子也可看作是一种微元。因此，编者个人认为，使用相对微元质量更严谨和科学。你是否也这样认为呢?

7.6.2　根据化学式计算纯净物中某种元素的质量分数

对于任一具有确定化学式的纯净物，构成该纯净物的原子种类及个数比是确定的，而且这些信息就体现在化学式中。因此，根据化学式可以计算该纯净物中某种元素的质量分数。下面将以高锰酸钾为例来推导其计算公式。

例7.4：推导高锰酸钾（$KMnO_4$）中每种元素的质量分数计算公式。

推导：宏观上质量一定的高锰酸钾在微观上都可以分解为 N 个 $KMnO_4$ 微元（如图7.6所示），N 与高锰酸钾的质量有关。由于每个 $KMnO_4$ 微元的原子内容是一样的，故微元中某种元素原子的质量分数就代表这种元素的质量分数。由于1个 $KMnO_4$ 微元包含1个K原子、1个Mn原子和4个O原子，已知K、Mn和O的相对原子质量分别为39.0、55.0和16.0，则：

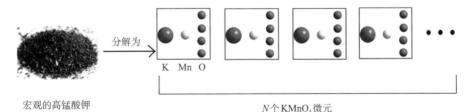

分解为 K Mn O

宏观的高锰酸钾

N 个 $KMnO_4$ 微元

图7.6　宏观的高锰酸钾在微观上可以分解为 N 个 $KMnO_4$ 微元

$$\omega_K = \frac{m_K \times 1}{m_K \times 1 + m_{Mn} \times 1 + m_O \times 4} \times 100\%$$

$$= \frac{m_{\text{标准}} \cdot M_r(K)}{m_{\text{标准}} \cdot M_r(K) + m_{\text{标准}} \cdot M_r(Mn) + 4m_{\text{标准}} \cdot M_r(O)} \times 100\%$$

$$= \frac{M_r(K)}{M_r(K) + M_r(Mn) + 4M_r(O)} \times 100\%$$

$$= \frac{39.0}{39.0 + 55.0 + 16.0 \times 4} \times 100\% \approx 24.7\%$$

同理可求得 Mn 和 O 的质量分数为：

$$\omega_{Mn} = \frac{55.0}{39.0 + 55.0 + 16.0 \times 4} \times 100\% \approx 34.8\%$$

$$\omega_O = \frac{16.0 \times 4}{39.0 + 55.0 + 16.0 \times 4} \times 100\% \approx 40.5\%$$

以上例子表明：纯净物 X 中某种元素 A 的质量分数等于 X 微元中原子 A 的总相对质量除以 X 的相对微元质量。根据该结论又可以推导出另一规律：纯净物 X 中两种不同元素 A 和 B 的质量比等于 X 微元中 A 和 B 原子的总相对质量比。

由于微元（分子）是代表纯净物微观构成的"粒子"，因此跟纯净物构成有关的计算都可以从其微元（分子）的构成来计算。例如，纯净物的不同原子个数比、某种元素质量分数和不同元素质量比都分别等于微元（分子）中的不同原子个数比、某种原子相对质量分数和不同原子相对质量比。这充分体现了纯净物宏观与微观的联系。

例 7.5：已知硫酸铜化学式为 $CuSO_4$，请计算：（1）硫酸铜中氧元素的质量分数；（2）硫酸铜中铜元素、硫元素和氧元素的质量比。（已知相对原子质量：O 为 16；S 为 32；Cu 为 64）

解：

（1）$\omega_O = \dfrac{M_r(O) \times 4}{M_r(CuSO_4)} \times 100\% = \dfrac{16 \times 4}{64 \times 1 + 32 \times 1 + 16 \times 4} \times 100\% = 40\%$

（2）硫酸铜中铜元素、硫元素和氧元素的质量比为：$64 \times 1 : 32 \times 1 : 16 \times 4 = 2 : 1 : 2$。

答:（1）氧元素质量分数为 40%;（2）Cu、S、O 元素的质量比为 2：1：2。

7.7   纯净物质量与其包含的微元个数的关系

纯净物的微元中原子种类个数是确定的，因此微元的质量也是确定的。把纯净物的质量除以它的一个微元的质量即可得到它包含的微元的个数。设某纯净物为 X，它的质量为 m_X，微元质量为 $m_微(X)$（质量都以 g 为单位），相对微元质量为 $M_r(X)$，所包含的微元个数为 $N(X)$，则 m_X 与 $N(X)$ 的数学关系推导如下：

$$N(X) = \frac{m_X}{m_微(X)} = \frac{m_X}{M_r(X) \times m_{标准}} = \frac{m_X \times N_A^*}{M_r(X) \cdot g} \qquad (7.7)$$

对比式（7.7）与式（7.5），两者形式是一样的，只不过研究对象不一样，一个是原子，一个是微元。注意两个公式中质量单位必须为 g，如果不是 g 要转化为以 g 为单位，否则会计算错误。

例 7.6：已知氢氧化钠（NaOH）的质量为 8.0g，请计算这些氢氧化钠中包含的 NaOH 微元的个数。（已知相对原子质量：H 为 1；O 为 16；Na 为 23）

解：根据式（7.7）可得

$$N(NaOH) = \frac{m_{NaOH} \times N_A^*}{M_r(NaOH) \cdot g} = \frac{8.0g \times 6.02 \times 10^{23}}{(1+16+23) \cdot g} = 1.204 \times 10^{23}$$

答：包含的 NaOH 微元个数为 1.204×10^{23}。

本书中，式（7.7）与式（7.5）侧重于数值的计算。到了高中，这两个公式将完善为更加规范的物理公式，对物理量单位的规定与使用更科学严谨。

自我检测七

一、判断题

1. 元素原子是一种最具体的原子，不能再分类。   （   ）

2. 核素原子都有确定的质子数和中子数。   （   ）

3. 相对质量的单位是 "1"，"1" 相当于一个 C 原子质量的 $\frac{1}{12}$。   （   ）

4. 阿伏伽德罗数值 N_A^* 的精确值是 6.02×10^{23}。   （   ）

5. P或P_4都是白磷的化学式，则1个P_4分子在内容上等于4个P微元。（　　）

二、选择题

1. 关于N_A^*的理解，下列说法正确的是　　　　　　　　　　　（　　）

　　A. N_A^*等于标准质量$m_{标准}$的倒数

　　B. N_A^*在数值上等于12g C原子集合体所含有的原子个数

　　C. N_A^*是一个常数，它是联系微观粒子集合体质量及其个数之间的桥梁

　　D. 16g的O_2含有O_2分子个数为N_A^*

2. 乙烯的化学式既可以表示为分子式C_2H_4，又可以表示为实验式CH_2，则下列说法中正确的是（已知相对原子质量：H为1，C为12）　　（　　）

　　A. 一定质量的乙烯中含有的C_2H_4分子个数与CH_2微元个数是相同的

　　B. 微元CH_2具有确定的几何形状

　　C. 如果一定质量的乙烯中含有10^{23}个CH_2微元，则该乙烯中含有5×10^{22}个C_2H_4分子

　　D. 5.6g的乙烯中含有$0.2N_A^*$个CH_2微元

三、计算题

1. 已知铜元素两种稳定核素原子分别为$^{63}_{29}Cu$和$^{65}_{29}Cu$，其相对原子质量分别为62.9296和64.9298，丰度分别为69.17%和30.83%，请计算：

（1）铜元素的相对原子质量，并与元素周期表的相对原子质量63.55比较；

（2）铜元素的近似相对原子质量。

2. 已知某物质由Fe和O两种元素组成，其中铁元素的质量分数为70%，已知Fe和O的相对原子质量分别为56.0和16.0，试通过计算确定该物质的化学式。（相对原子质量：Fe为56；O为16）

3. 现有四氧化三铁（Fe_3O_4）5.8g，请计算：（相对原子质量：Fe为56；O为16）

（1）这些四氧化三铁包含的Fe_3O_4微元个数；

（2）这些四氧化三铁包含铁原子和氧原子个数。

第8章
独立原子的稳定之路与化合价

8.1 不稳定的单独原子的稳定之路

除了稀有气体原子（氦、氖、氩、氪、氙等）外，其他原子单独存在时是不稳定的，这是因为它们的最外层电子没有达到最稳定的个数。最外层最稳定的电子个数的一般规律为：如果原子只有1个电子层，则最外层最稳定的电子数为2，如果原子多于1个电子层，则最外层最稳定的电子数为8。因此，单独存在的原子要想让自己变稳定，则需要让自己的最外层电子达到最稳定的个数，而这必须通过与其他原子的"合作"才能达到，这也是物质形成的原因。

8.1.1 原子通过得失电子达到最外层最稳定电子数

Na原子为11号元素，有3个电子层，其最外层电子数为1；Cl原子为17号元素，有3个电子层，其最外层电子数为7。由于这两种原子的最外层电子都没有达到最稳定的电子数8，所以它们需要通过图8.1所示的得失电子的途径来达到最外层最稳定电子数8。

在图8.1中，Na需要失去1个电子或得到7个电子而达到最外层最稳定电子数8，而Cl则需要失去7个电子或得到1个电子来达到。由于得到或失去的电子数越多，该途径实现起来就越困难，因此对于Na和Cl来说，最容易实现的达到最外层最稳定电子数的途径分别为失去1个电子和得到1个电子。需要说明的是，失去电子不是随意丢弃，而是要"赠予"可以接受电子的其他原子；得到电子也不是凭空得到，而是要接收其他原子"赠

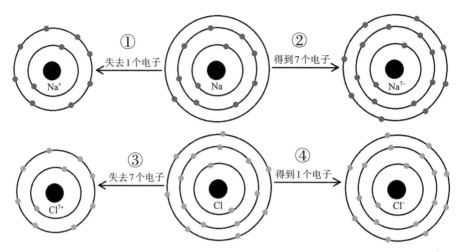

图8.1　Na原子和Cl原子通过得失电子达到最稳定的最外层电子排布

予"的电子。因此，当1个Na原子和1个Cl原子相遇时，就发生了如图8.2
所示的故事。

图8.2　1个Na原子和1个Cl原子的结合拟人化过程

图8.2表明，当1个Na原子与1个Cl原子接近时，Na原子的最外层失去1个电子给Cl原子，这样双方都达到了最稳定的最外层电子数。Na失去1个电子变成了Na^+，Cl得到1个电子变成了Cl^-，它们俩通过静电作用紧密地结合在一起。无数的Na^+和Cl^-通过静电作用聚集在一起就变成了NaCl这种物质。

像Na^+和Cl^-这种由于失去或得到电子而使总电荷数不为零的原子称为单核离子，如果总电荷数为正则称为阳离子，如果为负则称为阴离子。"单核"的意思是，此类离子只含有一个原子核。

原子通过得失电子形成离子而使本身最外层电子达到最稳定数目的过程可以用式子表示如下：

$$A - ne^- = A^{n+} \tag{8.1}$$

$$A + ne^- = A^{n-} \tag{8.2}$$

在以上式子中，A表示某种原子，e^-表示电子，"+"和"−"分别表示得和失电子，n表示得失电子的个数，A^{n+}表示带有n个正电荷的阳离子，A^{n-}表示带有n个负电荷的阴离子。如Mg原子和S原子可以分别通过图8.3的方式形成离子从而使其最外层电子达到最稳定数目。

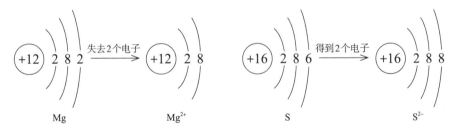

图8.3　Mg和S原子通过得失电子变成稳定离子

图8.3中的得失电子过程也可用式子表示如下：

$$Mg - 2e^- \Longrightarrow Mg^{2+}$$

$$S + 2e^- \Longrightarrow S^{2-}$$

大量的Mg^{2+}和S^{2-}通过静电作用聚集在一起就形成了MgS这种物质。

8.1.2 原子通过共用电子对达到最外层最稳定电子数

从 NaCl 的例子可知，两个原子可以通过得失电子使对方都达到最外层最稳定电子数。然而，在某些情况下，原子则不能通过该方式来达到此目标。如 2 个 Cl 原子相遇时，它们都想得到对方 1 个电子，就会发生矛盾，如图 8.4 所示。

要解决两个氯原子都想得到对方电子的矛盾，可以通过图 8.5 的共用电子对的方法。

在图 8.5 中，2 个 Cl 原子共用 1 对电子后，这对共用的电子既在左边 Cl 原子的最外层轨道上，又在右边 Cl 原子的最外层轨道上，因此这 2 个 Cl 原子同时达到了最外层最稳定电子数。此时，这对共用的电子对相当于一个纽带把 2 个 Cl 原子紧密地连接在一起，形成了 1 个稳定的 Cl_2 分子。无数的 Cl_2 分子通过分子间作用力聚集在一起就形成了氯气。

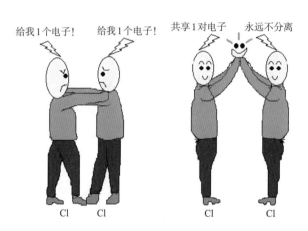

图 8.4　Cl_2 分子的形成拟人化过程

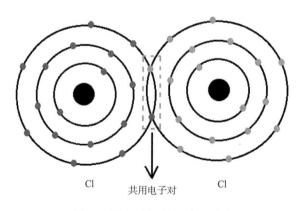

图 8.5　共用 1 对电子的两个 Cl 原子

由于 2 个原子共用 1 对电子相当于每个原子都多了 1 个电子，因此如果双方都想得到 2 个电子则需要共用 2 对电子 [见图 8.6（a）中的 2 个氧原子]，想得到 3 个电子则需要共用 3 对电子 [见图 8.6（b）中的 2 个氮原子]。这分别为氧气和氮气这两

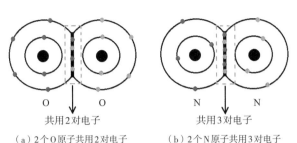

（a）2个O原子共用2对电子　　（b）2个N原子共用3对电子

图8.6　2个O原子和2个N原子共用电子对的情况

种物质形成的本质原因。

　　氯气、氧气和氮气都是单质，其分子都属于同核的双原子分子，共用电子对的2个原子是相同的。当不同种原子之间靠近时，它们又如何共用电子对呢？

　　当H原子与O原子相遇时，H只需得到1个电子就可以达到最外层最稳定电子数2，而O则需要得到2个。因此，1个H只需要跟1个O共用1对电子即可，而O则要跟2个H各共用1对电子才能达到最外层最稳定电子数8。同理，1个N要跟3个H原子各共用1对电子，1个C要跟4个H原子各共用1对电子，才能达到最外层最稳定电子数8。C、N、O分别与H的共用电子对的情况如图8.7所示，同时也是H_2O、NH_3和CH_4这三种分子的形成的过程。

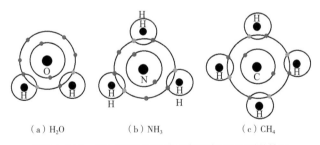

（a）H_2O　　　　（b）NH_3　　　　（c）CH_4

图8.7　H_2O、NH_3和CH_4三种分子中的共用电子对的情况

　　为了更简便地表示分子中相邻原子间的共用电子对情况，原子用元素符号来表示，而一对共用电子对则用一短横线"—"表示，这样的式子称为结构式。如H_2、O_2、N_2、CO_2、HCl、H_2O、NH_3和CH_4这些分子的结构式如图8.8所示。

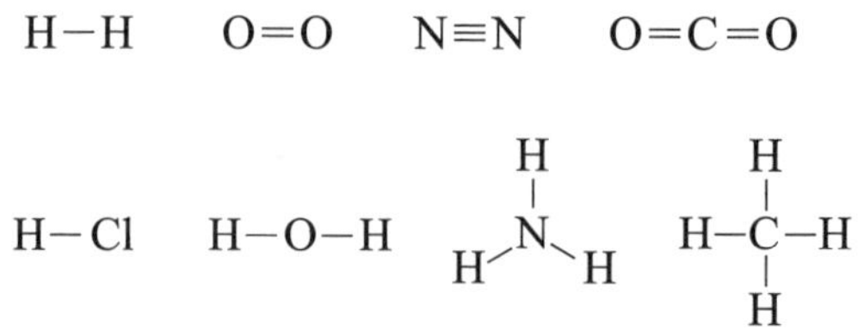

H−H   O=O   N≡N   O=C=O

H−Cl   H−O−H $\underset{H}{\overset{H}{N}}{H}$ $H-\underset{H}{\overset{H}{C}}-H$

图8.8　一些常见分子的结构式

图8.8非常简明地表示分子中相邻原子间的共用电子对情况，其中"—""="和"≡"分别表示1对、2对和3对共用电子对。注意：结构式只能表示分子中相邻原子间共用电子对情况，不能表示分子的几何形状。比如，不能根据图8.8中NH_3的结构式而认为NH_3分子的几何形状是平面三角形，实际上它呈三角锥形。同理，也不能说CH_4是正方形的，实际上它的几何形状为正四面体。分子的几何形状要根据其球棍模型来确定。

除了结构式，分子的球棍模型既可以表示分子的几何形状，也可以体现分子间相邻原子间的共用电子对数，如N_2和CO_2的球棍模型如图8.9所示。

图8.9　体现共用电子对数的N_2和CO_2的分子球棍模型

需要指出的是，原子通过得失电子或共用电子对使最外层达到稳定的2或8电子结构这一规律只是对部分纯净物有效，不是所有纯净物稳定时原子最外层电子数都是2或8，可能是别的数字。这是在学习时要注意的地方。

8.2　在物质中原子的变形

独立的原子由于其核外电子的运动状态是固定的，因此其外围电子云形状也是固定的，如图8.10（a）所示的单独存在的H原子。

然而，当某个原子周围有其他原子时，它的外围电子云形状会因受到其他原子的影响而发生明显变化，如图8.10（b）中HF中的H原子。这种某个原子的外围电子云由于受到周围其他原子的影响而发生变化的过程称为原子的变形。原子变形的本质原因是其外围电子运动状态的改变。需要

（a）独立 H 原子的外围电子云　　　（b）HF 分子中的氢原子外围电子云

图8.10　不同状态的 H 原子的电子云形状（红褐色部分）

说明的是，由于化学变化中原子核不会改变，同时内层电子受到影响很小，因此原子的变形主要指的是其外围电子云的改变。

通过前面学习我们已经知道，原子有两种典型的变形途径：一种是与其他原子发生得失电子；另一种是与其他原子共用电子对。前者称为离子型变形，后者称为共价型变形，同一原子的离子型变形程度比共价型的大。严格来讲，原子没有百分百的离子型变形或百分百的共价型变形，而是两种变形都有，只是为了简化把占比较大的变形当作原子的变形。如 NaCl 中的 Na 原子和 Cl 原子主要为离子型变形，而 HCl 中的 H 原子和 Cl 原子主要为共价型变形。

严格来讲，独立的 O 原子、CaO 中的 O 原子和 CO_2 中的 O 原子都是不同的。因为除了独立的 O 原子，其他两种 O 原子都是变形的，而且变形的程度不一样。CaO 中的 O 原子是离子型变形，而 CO_2 中的 O 原子是共价型变形。可以说，这三种 O 原子长得都不一样，但它们为什么又都可以称为 O 原子呢？其实，当我们提到某某原子时，主要还是指原子核，否则还要额外描述它的外围电子云的变形程度，这会使问题变得更加复杂。也就是说，原子 A 不管以何种形式存在都可称为 A 原子，是因为其原子核没有变。

原子通过变形而使自身变稳定，同时也因变形而与其他原子结合在一起，从而形成了微观分子或宏观物质。

一般来说，大多数分子型纯净物中原子都为共价型变形；非分子型纯净物中原子可能只有一种变形，如氯化钠（离子型变形）和金刚石（共价型变形），可能两种变形都有，如氢氧化钠。

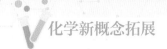

⚛ 8.3 原子化合价——原子变形的粗略量化

化合价的化学含义比较抽象复杂，中学化学中化合价的含义与它的原始含义已经有了很大的不同，基本等同于氧化数的定义。事实上，化合价并不具有纯粹的科学意义，带有一定的人为定义的工具性，因此完全从科学角度来给它下定义是困难的。这也是我们经常使用化合价但又不明白它到底指什么的原因。本书中，编者尝试从原子变形角度来定义化合价，即化合价是物质中原子变形的粗略量化，这里粗略指的是该定义是近似的，不具备严格的科学性。本书中化合价的定义是编者个人的学术观点，不作为中学化学应试标准，仅供读者参考学习。

8.3.1 离子型变形原子的化合价定义

NaCl中Na原子失去1个电子变成Na^+，Cl原子得到1个电子变成Cl^-，两种原子都属于离子型变形。对于离子型变形的原子，它的化合价定义为：如果物质中某种原子A失去（得到）n个电子而变形为A^{n+}（A^{n-}）离子，则它的化合价定义为$+n$或$-n$。如NaCl中的Na发生失去1个电子的变形，而Cl发生得到1个电子的变形，因此它们的化合价分别为+1和−1；同理，MgS中的Mg原子和S原子分别发生失去2个电子和得到2个电子的变形，因此化合价分别为+2和−2；等等。

例8.1：已知氮化镁（Mg_3N_2）中的Mg原子与N原子都发生离子型变形，其中Mg的化合价为+2，N的化合价为−3。请说出这两种原子化合价的含义。

答：由于这两种原子都是离子型变形，因此Mg的化合价为+2的含义是，Mg原子发生失去2个电子的变形，N的化合价为−3的含义是，N原子发生得到3个电子的变形。

8.3.2 共价型变形原子的化合价定义

8.3.2.1 共用电子对的偏移

当两个原子之间共用电子对时，由于每个原子对这对电子都产生吸引作用，如果两者对电子对吸引力相等，则电子对不发生偏移，如H_2、O_2

和N_2等同核双原子分子；如果两者对电子对的吸引力不相等，则电子对会发生偏移，偏向吸引力较大的一方（或偏离吸引力较小的一方），如HCl、CO和NO等异核双原子分子。O_2和HCl的电子对偏移情况如图8.11所示。

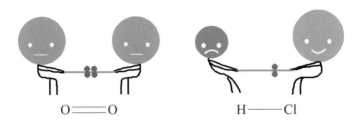

图8.11 O_2和HCl中的电子对偏移情况

从图8.11中可知，Cl原子对电子对吸引能力要比H原子的大。同种原子共用的电子对一般不发生偏移，不同种原子共用的电子对肯定发生偏移，电子对会偏向吸引力较强的一方。那么，不同原子对电子对吸引强弱顺序如何？经化学家们的研究与计算，一般认为18号之前的非金属元素原子的吸引电子对能力大小顺序为：$F>O>N>Cl>S>C>P>H>B>Si$。

当原子A与B共用1对电子对时，这对电子对中来自A和B的电子各有1个，当这对电子偏向A时，其中除了A自己的电子外，B中的1个电子偏离B而偏向A。总之，当有一对共用电子对发生偏移时，总有1个电子偏离原来原子而偏向另一个原子。

8.3.2.2 共价型变形原子的化合价与电子对偏移的关系

在物质中，某种原子A可能与周围多个原子共用多对电子对，其中有些偏离它，有些偏向它，有些既不偏向也不偏离。由于1对电子偏移时相当于发生1个电子的偏离或偏向，因此，当偏离的电子对数多于偏向时，净偏离电子数=偏离的电子对数−偏向的电子对数；反之，当偏向的电子对数多于偏离时，净偏向电子数=偏向的电子对数−偏离的电子对数。

根据以上定义，在本书中，编者尝试规定：对于共价型变形的原子A，如果偏离它的净电子数为n，则它的化合价为$+n$；如果偏向它的净电子数为n，则它的化合价为$-n$。

根据以上共价型变形原子的化合价的定义，可以按以下步骤来计算纯

净物中共价型变形原子的化合价：

①以"0"为某纯净物X中某原子A的化合价初始值。

②观察原子A与周围原子的共用电子对情况，依次确定每一对电子的偏移情况。如果这对电子偏离原子A，则化合价在初始值基础上加1；如果这对电子偏向原子A，则化合价减1；如果既不偏向也不偏离，则可忽略。最终得到的结果即原子A的化合价。

$$
\begin{array}{c}
\overset{-2}{O}\quad\overset{+1}{H} \\[-2pt]
\parallel\quad\,\overset{-3|}{} \\[-2pt]
\overset{+1}{H}\!-\!\overset{}{O}\!-\!\overset{}{C}\!-\!\overset{}{C}\!-\!\overset{+1}{H} \\[-2pt]
\underset{-2}{}\ \ \underset{+3}{}\quad\ \ | \\[-2pt]
\overset{}{H} \\[-2pt]
\overset{+1}{}
\end{array}
$$

吸引电子对能力大小顺序：O>C>H

图8.12　乙酸分子不同原子的化合价

在图8.12乙酸（醋酸）分子中，H与C或O都只共用1对电子，且这对电子偏离H，故H的化合价都是+1（0+1）；每个O原子都共用2对偏向它的电子对，故O的化合价都是−2（0−1−1）；左边的C原子总共共用4对电子，其中3对与O原子共用，剩下1对与另外的C原子共用（近似认为相同原子共用的电子对不发生偏移，计算时不需要考虑），由于C和O共用的电子对都偏向O，故左边C原子化合价为+3（0+1+1+1），同理可得右边C原子化合价为−3（0−1−1−1）。

例8.2：过二硫酸分子（$H_2S_2O_8$）的结构式如下所示，已知吸引电子对能力大小为O>S>H，则过二硫酸分子中每个原子的化合价分别为多少？

$$
\begin{array}{ccccccc}
 & \overset{1}{O} & & & & \overset{6}{O} & \\
 & \parallel & & & & \parallel & \\
\overset{2}{O}\!=\!\overset{}{S}\!-\!\overset{8}{O}\!-\!\overset{7}{O}\!-\!\overset{}{S}\!=\!\overset{5}{O} \\
 & \overset{}{|} & & & & \overset{}{|} & \\
 & \underset{}{O}^{3} & & & & \underset{}{O}^{4} & \\
 & | & & & & | & \\
 & H & & & & H & \\
 & 1 & & & & 2 &
\end{array}
$$

答：从上图可知，H1和H2原子分别与O3和O4共用1对电子，由于吸引电子对能力O>H，故H1和H2的化合价为+1；O1~O6跟相邻原子都共用2对电子，而且电子对都偏向它们，故它们的化合价都为−2；S1和S2与相邻原子共用6对电子，且电子对都偏离它们，故S1和S2都为+6；最后，O7和O8尽管与相邻原子都共用2对电子，但这2对电子中1对偏向O原子，1对不发生偏移，故O7和O8的化合价都为−1。

⚛ 8.4　化合价的统一定义

如果不是对某种物质比较了解，我们很难判断该物质中的原子究竟是离子型变形还是共价型变形。此外，某些物质中的原子也难以界定是何种变形。因此，为了使复杂的问题简单化，方便学习者对化合价的理解和掌握，编者在综合两种化合价的定义的基础上提出了化合价的统一定义：如果在物质中原子发生偏失 n 个电子的变形，则其化合价为 $+n$；如果发生偏得 n 个电子的变形，则其化合价为 $-n$。这里"偏失"指的是电子（净）偏离或失去电子，"偏得"指的是电子（净）偏向或得到电子。这样不用具体指明原子是离子型变形还是共价型变形，只需说明非此即彼即可。当然，如果你已经确定原子的变形种类，"偏失"可以改称为"偏离"或"失去"，"偏得"可以改称为"偏向"或"得到"。如 $AlCl_3$（氯化铝）中 Al 的化合价是 $+3$，Cl 的化合价是 -1，当你不确定 Al 和 Cl 究竟是何种变形时，你可以描述 Al 发生偏失 3 个电子的变形，而 Cl 发生偏得 1 个电子的变形。但当你通过查阅资料得知 $AlCl_3$ 中的原子发生的是共价变形后，你可准确描述 Al 发生 3 个电子偏离的变形，而 Cl 发生 1 个电子偏向的变形。

在分子或微元中，偏失和偏得的电子是同一批电子，说是"偏失"或"偏得"，只是针对的对象不同而已。如 HCl 分子有 1 个电子发生偏移，同样是这个电子，对 H 原子来说是偏离，对 Cl 原子来说是偏向。因此，分子或微元中偏失的电子总数恒等于偏得的电子总数，表现为分子或微元中的原子的化合价代数和为零。注意，这里的原子的化合价代数和指的是分子或微元中每个原子的化合价的数学加和，不是每种原子的加和。如 CH_4 分子中 C 原子的化合价为 -4，H 原子的化合价为 $+1$，代数和应表示为"$-4+(+1)+(+1)+(+1)+(+1)=0$"或"$-4+4\times(+1)=0$"，而不是"$-4+(+1)=-3$"。

在某些情况下，当物质中同种原子出现不同化合价时，为了研究问题的方便，提出平均化合价的概念。原子平均化合价即物质分子或微元中所有该种原子的化合价代数和除以这种原子的个数的商。如图 8.12 中的乙酸分子中有 2 个 C 原子，其中一个 C 原子化合价为 $+3$，另一个的化合价为 -3，则 C 原子的平均化合价为 $[(-3)+(+3)]/2=0$。此外，为了研究问题的方便，统一规定单质的原子化合价为 0。

✿ 8.5 元素化合价与原子化合价

元素化合价泛指纯净物中某种元素原子的化合价，是个宏观概念。由于纯净物中同一元素原子可能具有不同的化合价，因此元素化合价指的是该元素原子的平均化合价；原子化合价指的是纯净物分子或微元中某个原子的化合价，是个微观概念。当分子或微元中同种原子不止一个时，如果它们的化合价都相同，则不需要分开说明；但如果化合价不相同，则要分开说明。如 Fe_2O_3（氧化铁）中，2个Fe原子或3个O原子的化合价都是相同的，因此可以笼统说Fe原子的化合价为+3，O原子的化合价为−2；又如在 Fe_3O_4（四氧化三铁）中，虽然O原子的化合价都是−2，但3个Fe原子的化合价不完全相同。其中，2个Fe原子的化合价为+3，另一个Fe原子为+2。

化合价是多样性的，表现在不同元素的化合价不同，同种元素可能有多种化合价。一些常见元素的化合价如表8.1所示。

表 8.1　常见元素的化合价

元素符号	常见化合价	化合物例子
H	+1	HF, H_2O, NH_3, CH_4
C	+2, +4	CO(+2), CO_2(+4), H_2CO_3(+4)
N	−3, +1, +2, +3, +4, +5	NH_3(−3), N_2O(+1), NO(+2), N_2O_3(+3), NO_2(+4), N_2O_5(+5)
O	−2	CO, CO_2, SO_2, SO_3, NO, NO_2
F	−1	HF, NaF, KF, MgF_2, CaF_2
Na	+1	Na_2O, NaCl, NaOH, Na_2CO_3, $NaHCO_3$
Mg	+2	MgO, $MgCl_2$, $Mg(OH)_2$, $MgSO_4$
Al	+3	Al_2O_3, $Al(OH)_3$, $AlCl_3$, $Al_2(SO_4)_3$
S	−2, +4, +6	H_2S(−2), SO_2(+4), H_2SO_4(+6)
Cl	−1, +1, +3, +5, +7	NaCl(−1), HClO(+1), $NaClO_2$(+3), $KClO_3$(+5), $KClO_4$(+7)
K	+1	KCl, KNO_3, KOH, K_2CO_3, KI
Ca	+2	CaO, $CaCO_3$, $Ca(OH)_2$, $CaCl_2$
Fe	+2, +3	FeO(+2), Fe_2O_3(+3)
Cu	+1, +2	Cu_2O(+1), CuO(+2)
Zn	+2	ZnO, $ZnCl_2$, $ZnSO_4$

化合价多种多样且无固定规律，初学时难以记忆，可以借助以下口诀来帮助记忆。

化合价口诀

钾钠银氢正一价，钡锌钙镁正二价；一二铜，二三铁，亚铜亚铁为低价；

铝是正三氧负二，氯是负一最常见；硫有负二正四六，正二正三铁可变。

例 8.3：已知 Pb_3O_4（四氧化三铅）中氧元素的化合价为 -2，其微元中铅原子有两种化合价，分别为 $+2$ 和 $+4$，请问：（1）Pb_3O_4 中铅元素的化合价是多少？（2）Pb_3O_4 微元的 3 个 Pb 原子中，有几个化合价是 $+2$，有几个是 $+4$？

解：（1）设铅元素的化合价为 x，根据化合价代数和为零规则得，$3x+4\times(-2)=0$，解得 $x=+8/3$。

（2）设 Pb_3O_4 微元中 $+2$ 价的 Pb 有 x 个，$+4$ 价的 Pb 有 y 个，由于 Pb 的平均化合价是 $+8/3$，故得以下方程组：

$$\begin{cases} x+y=3 \\ \dfrac{2x+4y}{3}=\dfrac{8}{3} \end{cases}$$

解得，$x=2$，$y=1$。

答：（1）铅元素的化合价为 $+8/3$；（2）$+2$ 价的 Pb 有 2 个，$+4$ 价的 Pb 有 1 个。

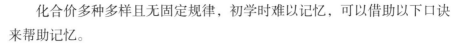 8.6　原子团（拟原子）的化合价及其变形

化学中，原子团常当作一个不可分割的整体，其化学行为类似于原子，也称为拟原子。跟原子一样，原子团也具有化合价。如何定义原子团的化合价呢？

当原子团独立时会带有电荷，如果带有正电荷，说明该原子团整体上是失去电子的；如果带有负电荷，说明该原子团整体上是得到电子的。如果把原子团当作原子，则根据化合价的定义，原子团的化合价数值与符号跟其所带电荷是一样的，只不过表达方式不同，化合价符号在前，数值在后，而电荷则相反。

表8.2给出了常见原子团的化合价。

表8.2　常见原子团的化合价

原子团名称	基本符号	常用符号	化合价
氢氧根	[OH]	OH^-	−1
次氯酸根	[ClO]	ClO^-	−1
硫氢根	[HS]	HS^-	−1
亚硝酸根	[NO$_2$]	NO_2^-	−1
碳酸根	[CO$_3$]	CO_3^{2-}	−2
硝酸根	[NO$_3$]	NO_3^-	−1
亚硫酸根	[SO$_3$]	SO_3^{2-}	−2
氯酸根	[ClO$_3$]	ClO_3^-	−1
硫酸根	[SO$_4$]	SO_4^{2-}	−2
磷酸根	[PO$_4$]	PO_4^{3-}	−3
高氯酸根	[ClO$_4$]	ClO_4^-	−1
高锰酸根	[MnO$_4$]	MnO_4^-	−1
铵根	[NH$_4$]	NH_4^+	+1
碳酸氢根	[HCO$_3$]	HCO_3^-	−1
亚硫酸氢根	[HSO$_3$]	HSO_3^-	−1

如果把原子团看作是原子，其化合价跟原子的含义是一样的。如CO_3^{2-}的化合价为−2，含义是该原子团发生了偏得2个电子的变形。

由于原子团是原子的集合体，因此它的变形分为内部的原子变形和外部的整体变形。一般原子团内部的原子都是共价型变形，而当研究原子团外部的整体变形时，可以把原子团当作一种原子（拟原子），故它的外部整体变形既有共价型变形又有离子型变形。如SO_4^{2-}原子团中，原子内部的S原子和O原子是共价型变形，而SO_4^{2-}作为一个整体处于H_2SO_4中时是共价型变形，处于$CuSO_4$中时是离子型变形。

自我检测八

一、判断题

1. 独立的原子要想让自己变得更稳定，通常经过得失电子或共用电子对两种途径。　　　　　　　　　　　　　　　　　　　　　　　（　　）

2. 原子的最外层最稳定电子数都为8。　　　　　　　　　　（　　）

3. NaCl中的Cl原子通过得到1个电子而达到最外层最稳定电子数。
　　　　　　　　　　　　　　　　　　　　　　　　　　　　（　　）

4. O原子只能通过共用电子对一种途径达到最外层最稳定电子数。（　　）

5. 分子的结构式可以表示分子的几何形状。　　　　　　　　（　　）

6. 化合价是物质中原子变形的粗略量化。　　　　　　　　　（　　）

7. 原子的变形主要指原子内层电子的电子云相对独立存在时的变化。
　　　　　　　　　　　　　　　　　　　　　　　　　　　　（　　）

8. 物质中的H原子一般呈正的化合价，但在一些特殊的物质中也会呈负的化合价，如NaH（氢化钠）中H的化合价为-1，说明H原子发生偏得1个电子的变形。　　　　　　　　　　　　　　　　　　　（　　）

9. 原子团是一种拟原子，也具有化合价，如SO_4^{2-}的化合价为2−。（　　）

10. 单质的化合价都为零，因此单质的原子都没有变形。　　（　　）

二、选择题

1. Cl_2分子中的Cl原子是通过什么途径达到稳定的？　　　　（　　）

　　A. 通过得到1个电子　　　　　　B. 通过共用2对电子

　　C. 通过得到2个电子　　　　　　D. 通过共用1对电子

2. 四氯化碳CCl_4分子中每个原子都达到最外层8电子稳定结构，则CCl_4的结构式可能是以下哪种？

A. Cl—C=Cl（上Cl，下Cl）　B. Cl=C=Cl（上Cl，下Cl）　C. Cl—C—Cl（上Cl，下Cl）　D. Cl—C—Cl（上Cl，下Cl）

3. Na_2SO_4中的原子（团）变形与$CuSO_4$类似，则下列说法中错误的是
（　　）

    A. Na原子发生离子型变形　　　B. $[SO_4]$原子团发生离子型变形

    C. S原子发生共价型变形　　　　D. O原子发生离子型变形

4. $KMnO_4$微元中K、O、Mn原子的化合价分别为+1、−2和+7，则关于$KMnO_4$微元，下列说法正确的是
（　　）

    A. K原子偏得1个电子　　　　　B. O原子偏失2个电子

    C. $[MnO_4]$偏得1个电子　　　　D. 原子的化合价代数和不为0

5. 下列分子中，不是所有原子都满足最外层电子稳定结构的是　（　　）

    A. H_2O　　　　B. CH_4　　　　C. PCl_5　　　　D. NH_3

三、简答题

1. 已知SiF_4（四氟化硅）中的Si与F原子都发生共价型变形，其中Si的化合价为+4，F的化合价为−1。请说出这两种原子化合价的含义。

    答：_____

2. 连二硫酸分子（$H_2S_2O_6$）的结构式如下图所示，已知吸引电子对能力大小为O>S>H，则连二硫酸分子中每个原子的化合价分别为多少？

$$\begin{array}{ccc}
& \overset{1}{O} & \overset{6}{O} \\
& \| & \| \\
\overset{2}{O}=\!\!\!& \underset{|}{S}-\underset{|}{S} &=\!\!\!\overset{5}{O} \\
& \overset{3}{O} & \overset{4}{O} \\
& | & | \\
& \underset{1}{H} & \underset{2}{H}
\end{array}$$

    答：_____

（如果多个同种原子化合价相同，可以合并在一起说明）

3. 已知Co_3O_4（四氧化三钴）中氧元素的化合价为−2，其微元中钴原子有两种化合价，分别为+2和+3，请问：（1）Co_3O_4中钴元素的化合价是多少？（2）Co_3O_4微元的3个Co原子中，有几个化合价是+2，有几个是+3？

4. 根据右图某种分子中的共用电子对的情况写出该分子的结构式。

    分子结构式：_____

第9章

化合物的分离

白天树林上方一只鸟都没有，它们都飞到天空中各个角落去觅食。但是到了傍晚，大量的鸟归巢后就像一团乌云出现在树林上方，如图9.1所示。这是自然界中鸟类的分离与聚集。在化学世界中，原子也同样发生聚集与分离。在第5章中，我们已经学习微观原子（拟原子）如何聚集形

图9.1　傍晚鸟归巢

成宏观上的纯净物。在这一章中，我们将继续学习纯净物是如何分离为原子（拟原子）的。

9.1　有机化合物和无机化合物

化合物按其是否含有碳元素分为有机化合物和无机化合物。含有碳元素的化合物称为有机化合物，不含碳的化合物称为无机化合物。含有CO_3^{2-}和HCO_3^-的化合物、CO和CO_2等含碳化合物，由于其性质接近无机化合物，因此习惯上把这一类特殊的化合物归类为无机化合物。

目前在自然界发现或人工合成的有机化合物接近3000万种，数量远远超过无机化合物。绝大多数有机化合物属于分子型纯净物，其内部原子的聚集力为共价键和分子间作用力。

无机化合物按其组成与性质可分为氧化物、酸、碱和盐。氧化物指的

是由两种元素组成且其中一种是氧元素的化合物。酸、碱和盐的定义较复杂，后面再做介绍。绝大多数无机化合物为非分子型纯净物，其内部的原子一级聚集力主要有离子键和共价键。大多数的无机化合物没有二级聚集力，少数特殊的无机化合物中存在二级聚集力。在初中，我们接触的化合物大多数为无机化合物。

9.2　化合物化学式中阴式与阳式

观察化合物的化学式，你会发现，绝大多数尤其是无机化合物都是由元素或原子团符号与数字组成的，而且元素符号或原子团符号只有两种。如 CO_2、$NaOH$ 和 NH_4NO_3（硝酸铵）的元素或原子团符号组合分别为"C+O""Na+[OH]"和"[NH_4]+[NO_3]"。

为了更好地从化学式的形式理解化合物组成，同时为学习后面原子（拟原子）的分离内容打好基础，本书提出了阳式与阴式的概念。阳式是指化学式中化合价为正值的元素或原子团符号，阴式指的是化学式中化合价为负值的元素或原子团符号。如前面三种化合物中，"C""Na"和"NH_4"为阳式，而"O""OH"和"NO_3"为阴式。为了强调阳式和阴式，化学式中的阳式统一以红色表示，阴式统一以绿色表示。例如，前面三种化合物可以表示为 CO_2、$NaOH$ 和 NH_4NO_3。无机化合物的化学式可分为阳式与阴式，说明大多数无机化合物由两种原子（拟原子）构成。如 $NaOH$ 由 Na 原子与[OH]拟原子构成，NH_4NO_3 由[NH_4]拟原子与[NO_3]拟原子构成等。虽然阳式和阴式表面上是一种符号形式，但实际上它们代表着某种原子或原子团。化学式阳式与阴式的拆分表示化合物中的原子（拟原子）的分离。

由于大多数有机化合物化学式中的阳式与阴式界定起来比较困难，因此本书中的阳式与阴式主要是针对无机化合物的化学式而言的。从本章开始，只要能把阳式、阴式区分出来的化学式都统一用红色和绿色进行标记。

9.3　化合物的分离

原子通过一级单一聚集或"一级＋二级"多级聚集形成化合物。反过来，化合物如要分离则需要破坏其一级或二级聚集力。对聚集力的破坏可以分为物理破坏和化学破坏两种。物理破坏指的是聚集原子（拟原子）一般不变，只是聚集力减弱，一般容易恢复，无新物质生成，为物理变化；而化学破坏指的是聚集原子的重新组合，原来的聚集力被新的聚集力取代，一般较难恢复，有新物质生成，为化学变化。由于二级聚集力的破坏只是改变物质的存在状态，没有生成新物质，因此二级聚集力的破坏都属于物理分离，如化合物从固态到液态再到气态的分离，或是某些有机化合物的溶解等。对于化合物一级聚集力（离子键和共价键等），如果发生化学破坏则为化学分离，如分解反应；如果发生物理破坏则为物理分离。本节中主要研究化合物在水中或熔融状态下其一级聚集力发生物理破坏的物理分离。

9.3.1　化合物在水中的分离

9.3.1.1　化合物在水中分离的微观过程

生活中把固态、液态或气态化合物加入水中，都可能产生溶解现象，溶解是物质在水中的物理分离。如分别把氯化钠（盐）固体、乙醇（酒精）液体和氯化氢气体加入水中可得到相应的溶液。这三种化合物的溶解在微观上是如何发生的呢？

图9.2、图9.3和图9.4分别给出了乙醇、氯化钠和氯化氢在水中溶解的微观过程。

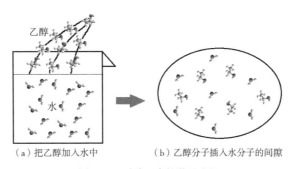

（a）把乙醇加入水中　　　　（b）乙醇分子插入水分子的间隙

图9.2　乙醇溶于水的微观过程

图9.2中，乙醇加入水中后，在水分子的作用下，它的分子间作用力被破坏，乙醇分子相互分离并插入到水分子的间隙。在这一过程中，乙醇

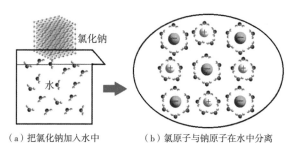

（a）把氯化钠加入水中　　　　（b）氯原子与钠原子在水中分离

图9.3　氯化钠溶于水的微观过程

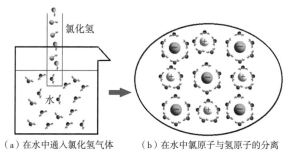

（a）在水中通入氯化氢气体　　　　（b）在水中氯原子与氢原子的分离

图9.4　氯化氢溶于水的微观过程

分子始终保持一个整体不受影响，即其内部的一级聚集力（共价键）几乎不受影响。这一过程中，乙醇分子因被水分子隔开导致相互之间的分子间作用力减弱，属于二级聚集力的物理破坏，整个过程属于物理分离。

　　图9.3中，当氯化钠加入水中后，在水分子的作用下，氯化钠中的一级聚集力（离子键）被破坏，Cl原子和Na原子开始分离。由于它们分离后保留其化合价性质，因此+1价的Na原子保留其失去1个电子的状态而变成了Na^+。同理，−1价的Cl原子保留其得到1个电子的状态而变成了Cl^-。每种离子周围都被数目一定的水分子包围，因此它们也称为水合离子。一般在水中存在的离子都是水合离子，但是为了方便，通常把水合离子简称为离子。如水合氯离子和水合钠离子可以简称为氯离子和钠离子。在这一过程中，Na^+和Cl^-因被水分子隔开而使相互之间的作用力（离子键）减弱，未生成新物质，属于一级聚集力的物理破坏，整个过程属于物理分离。

　　图9.4中，氯化氢气体通入水中后，其一级聚集力和二级聚集力都被破坏。与氯化钠相似，氯化氢分子在水分子的作用下分离为H^+和Cl^-。在

这一过程中，由于水中没有 HCl 分子存在，分子间作用力不再存在，因此原来的二级聚集力完全消失；一级聚集力从较强的共价键（HCl 中 H 原子和 Cl 原子之间的作用力）变为较弱的离子键（被水分子隔开的 H^+ 和 Cl^- 之间的作用力），但聚集的主体原子还是 H 原子和 Cl 原子，没有发生改变。因此，一级聚集力的破坏属于减弱的物理破坏，整个过程属于物理分离。

除了氯化钠与氯化氢外，大多数常见的无机化合物在水中都会发生分离，原子（拟原子）分离后保留了其化合价的性质从而变成了相应的阴离子或阳离子。例如，H_2SO_4、$Ca(OH)_2$ 和 NH_4NO_3 在水中分离成离子的情况如图9.5所示。

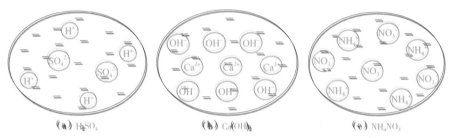

(a) H_2SO_4　　　　　　(b) $Ca(OH)_2$　　　　　　(c) NH_4NO_3

图9.5　三种化合物在水中的原子（拟原子）的分离状态

图9.5中，为了方便，用离子符号代替球棍模型来表示离子。此外，虽然只用几个阴阳离子来代表原子（拟原子）的分离情况，但在画出阴阳离子时要保证它们的个数比与化学式中的一致。在图9.5（b）中，如果画出3个 Ca^{2+}，则要同时画出6个 OH^- 以满足它们的个数比为1:2，与化学式 $Ca(OH)_2$ 中的比例一致。此外，含有拟原子的无机化合物在水中发生分离时，大多数拟原子能保持为一个整体，不再继续分离。如 SO_4^{2-} 不会继续分离为1个 S^{6+} 和4个 O^{2-}，NH_4^+ 不会继续分离为1个 N^{3-} 和4个 H^+。

9.3.1.2　化合物的分离（电离）方程式

在本书中，化合物分离为原子（拟原子），是原子（拟原子）聚集为化合物的逆过程。原子的聚集与分离是一对既对立又统一的概念，学习这对概念有助于我们从微观的视角来理解化合物的形成与分离。这是本书创新之一。然而，常规教材把化合物在水中分离为离子的过程称为电离。为了不给大家带来学习的困惑，从这里开始将与教材课标一致，不再讲"分离"而讲"电离"。事实上，"电离"一词的来因是不科学的，当时人们认为化合物在水中是因为通电后才分离为离子的，所以把这个现象称为电离。后来经阿伦尼乌斯实验证明，化合物在水中是因为受到水分子的作用而分离为离子的，跟是否通电无关。所以，尽管读与写用"电离"，但希望大家不要照字面理解，而是按本书解释的在头脑中建立这样的电离画面：在水中，化合物在水分子的不断撞击下分离为带正电荷和负电荷的原子（拟原子），即阳离子和阴离子。

表示化合物电离过程的式子称为电离方程式。一些常见化合物的电离方程式如下：

（1）$HCl = H^+ + Cl^-$

（2）$H_2SO_4 = 2H^+ + SO_4^{2-}$

（3）$HNO_3 = H^+ + NO_3^-$

（4）$NaOH = Na^+ + OH^-$

（5）$Ca(OH)_2 = Ca^{2+} + 2OH^-$

（6）$Ba(OH)_2 = Ba^{2+} + 2OH^-$

（7）$NaCl = Na^+ + Cl^-$

（8）$(NH_4)_2CO_3 = 2NH_4^+ + CO_3^{2-}$

（9）$Fe_2(SO_4)_3 = 2Fe^{3+} + 3SO_4^{2-}$

以上方程式从形式来看，左边是化学式，右边是化学式拆分出来的阳式与阴式（加上相应的电荷形式，可由化合价改写）。左边化学式中的阳式和阴式的角码在右边变为相应的阳式和阴式前的数字。从电离方程式的形式来看，化合物的电离相当于该化合物化学式阳式与阴式的分离。

化合物的电离方程式具有定性和定量的含义。如以分子型化合物硫酸的电离方程式"$H_2SO_4 = 2H^+ + SO_4^{2-}$"为例，它的定性含义为：硫酸在水中可以电离（分离）为氢离子和硫酸根离子；定量含义为：1个H_2SO_4分子可以电离（分离）为2个H^+和1个SO_4^{2-}。又如，以非分子型化合物硫酸铁的电离方程式"$Fe_2(SO_4)_3 = 2Fe^{3+} + 3SO_4^{2-}$"为例，它的定性含义为：硫酸铁在水中可以电离（分离）为铁离子和硫酸根离子；定量含义为：1个$Fe_2(SO_4)_3$微元可以电离（分离）为2个Fe^{3+}和3个SO_4^{2-}。由于前者H_2SO_4分子是真实存在的分子，它的电离过程可以用球棍模型来表示（见图9.6），因此硫酸电离方程式的微观含义可以想象为图9.6的样子。

图9.6　硫酸分子电离的球棍模型表示

与硫酸不同，硫酸铁是非分子型纯净物，硫酸铁微元不是真实的微观粒子，所以它的定量含义不能像硫酸分子的电离一样进行想象，它的定量含义主要用于计算当中，如例9.1所示。

例9.1：硫酸铁是一种淡黄色固体，溶于水会得到红褐色溶液，如图9.7所示。假设图中硫酸铁含有$0.1N_A^*$个$Fe_2(SO_4)_3$微元，则这些硫酸铁完全溶解于水后电离得到的Fe^{3+}和SO_4^{2-}个数分别为多少？

硫酸铁　　　　　　　　　　　硫酸铁溶液

图9.7　硫酸铁及硫酸铁溶液

解：由$Fe_2(SO_4)_3$的电离方程式$Fe_2(SO_4)_3 = 2Fe^{3+}+3SO_4^{2-}$可知，1个$Fe_2(SO_4)_3$微元电离可以得到2个$Fe^{3+}$和3个$SO_4^{2-}$，故$0.1N_A^*$个$Fe_2(SO_4)_3$微元完全电离可以得到$0.2N_A^*$个$Fe^{3+}$和$0.3N_A^*$个$SO_4^{2-}$。

答：得到的Fe^{3+}和SO_4^{2-}个数分别为$0.2N_A^*$和$0.3N_A^*$。

9.3.1.3　从电离角度对酸、碱和盐的定义

观察前面HCl、H_2SO_4和HNO_3的电离方程式（1）~（3）发现它们有个共同点，即电离出来的阳离子都是H^+。在中学化学中，像HCl、H_2SO_4和HNO_3这种在水中电离出来的阳离子全部是H^+的化合物称为酸。类似地，根据电离方程式（4）~（6）的特点得到碱的定义为：在水中电离出来的

阴离子全部是 OH^- 的化合物称为碱。根据电离方程式（7）~（9）的特点得到盐的定义为：在水中电离出来的阳离子不全是 H^+，阴离子不全是 OH^- 的化合物称为盐。

你一定注意到酸、碱和盐定义中的"全是"和"不全是"这两个逻辑词，可能会产生这样的疑问："全"字可以去掉吗？答案是否定的，因为在化学中存在以下的特殊电离方程式：

$$NaHSO_4 == Na^+ + H^+ + SO_4^{2-}$$

$$Cu_2(OH)_2CO_3(aq) == 2Cu^{2+} + 2OH^- + CO_3^{2-}$$

如果去掉"全"字，则以上两种无机化合物 $NaHSO_4$（硫酸氢钠）和 $Cu_2(OH)_2CO_3$（碱式碳酸铜，绿色，孔雀石的主要成分）按定义分别属于酸和碱，但事实上它们属于盐，所以"全"字不能去掉。注意：第2个电离方程式中的"aq"表示溶液。因为 $Cu_2(OH)_2CO_3$ 溶解度很小，所以用"aq"强调是溶解的那部分 $Cu_2(OH)_2CO_3$ 发生电离，不溶解的部分没有发生电离。

9.3.1.4 化合物的电离对水导电性的影响

当化合物在水中发生分离后，它的原子（拟原子）会变为带电荷的阴离子或阳离子。在水中阴阳离子相对自由，在通电的条件下可以定向移动形成电流，类似于金属中的自由电子。这个事实可以通过图9.8中导电实验来证明。

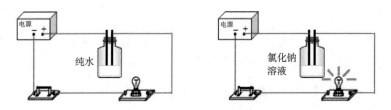

图9.8 纯水与氯化钠溶液导电性的比较

图9.8中，由于纯水几乎不导电，因此当电路接通后灯泡没有亮；当在纯水中加入适量 $NaCl$ 后，由于 $NaCl$ 分离为 Na^+ 和 Cl^-，当电路接通后，Na^+ 和 Cl^- 定向移动形成电流，此时氯化钠溶液的作用相当于金属导体，从而使灯泡变亮。

图9.8的实验说明，化合物在水中的分离会增加水的导电性，这也是在做水的电解实验时要加入少量的 Na_2SO_4 的原因。水溶液的导电性跟单位

体积的溶液中所含的离子数目及离子所带电荷数有关，这两个数越大，则水溶液的导电性越强。

9.3.2 化合物在熔融状态的分离及电解质的定义

固体氯化钠中，由于Na^+和Cl^-之间的作用力较强，不能自由运动，通电后难以定向移动，所以固体氯化钠是不能导电的。当把氯化钠加入水中后，在水分子的作用下，氯化钠电离得到较自由的Na^+和Cl^-，使水溶液可以导电。除了在水溶液中外，氯化钠在什么样的状态下还可以导电呢？

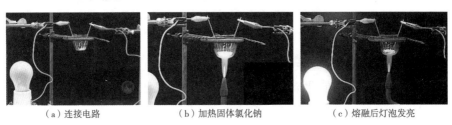

（a）连接电路　　　　　　（b）加热固体氯化钠　　　　　　（c）熔融后灯泡发亮

图9.9　熔融氯化钠的导电性验证实验

图9.9中，把氯化钠加热，刚开始灯泡不亮，当氯化钠熔化后灯泡发亮，说明此时氯化钠分离为移动更自由的Na^+和Cl^-。该实验表明，氯化钠除了在水中可以导电，在熔融时也可以导电。不过比较这两种情况下的分离可知，氯化钠在水中分离时，Na^+与Cl^-都变为水合离子，相当于它们被水分子所隔开，分离程度较大；而氯化钠处于熔融状态时，只是Na^+与Cl^-之间的距离变长，没被外来微粒隔开，因此分离程度相对较小。不过这两种分离都有一个共同点，即一级聚集力离子键都变弱，属于物理破坏。

以上实验表明，化合物导电的状态有两种可能：①水溶液状态；②熔融状态。人们根据能否至少在其中一种状态下导电而把化合物分为电解质和非电解质。在水溶液或熔融状态下可以导电的化合物称为电解质；在水溶液和熔融状态下都不导电的化合物称为非电解质。常见的酸、碱、盐和活泼金属氧化物是电解质，如HCl、H_2SO_4、$NaOH$、$Ca(OH)_2$、Na_2CO_3、$KMnO_4$、MgO和Al_2O_3等；大多数有机化合物和非金属氧化物是非电解质，如CH_4（甲烷）、C_2H_6O（乙醇）、$C_6H_{12}O_6$（葡萄糖）、$C_{12}H_{22}O_{11}$（蔗糖）、CO、CO_2、NO、NO_2、SO_2、SO_3、SiO_2和P_2O_5等。非电解质的阴式原子

（拟原子）和阳式原子（拟原子）难以分离。

9.3.3 几种特殊化合物在水中的电离

9.3.3.1 醋酸在水中的电离

醋酸（又称乙酸）是一种有机酸，分子式为$C_2H_4O_2$，写成阴式与阳式组合为CH_3COOH，其中$[CH_3COO]$为醋酸根原子团（拟原子），化合价为-1，分离出来时变为CH_3COO^-。有时为了方便用"HAc"表示醋酸，Ac^-表示醋酸根离子。

醋酸易挥发，有刺激性气味，易溶于水，可与水以任意比混溶。在水中，醋酸电离为CH_3COO^-和H^+，电离方程式为：

$$CH_3COOH \Longrightarrow CH_3COO^- + H^+ \text{ 或 } HAc \Longrightarrow H^+ + Ac^-$$

跟前文提到过的化合物不同，醋酸的电离比较特殊，其特殊性如图9.10所示。

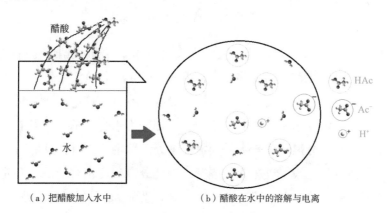

（a）把醋酸加入水中　　　　　（b）醋酸在水中的溶解与电离

图9.10　醋酸在水中的溶解与电离

把图9.10中的醋酸在水中的电离与图9.2中的乙醇和图9.4中的氯化氢的电离对比可知，溶解在水中的醋酸大部分保持为分子状态，只是破坏二级聚集力分子间作用力，这方面与乙醇相同；此外，少部分的醋酸电离为Ac^-和H^+，一级和二级聚集力都被破坏，这方面与氯化氢相同。总的来说，溶解在水中的醋酸既不像乙醇完全不电离，也不像氯化氢完全电离，只是部分电离。像醋酸这种溶解在水中时发生部分电离的电解质称为弱电解质；而像氯化氢这种溶解在水中时发生完全电离的电解质称为强电解质。

一般弱酸［醋酸、碳酸、亚硫酸（H_2SO_3）、氢硫酸（H_2S）、磷酸（H_3PO_4）和次氯酸（$HClO$）等］、弱碱［一水合氨（$NH_3 \cdot H_2O$）、氢氧化铁、氢氧化铝等］和极少数的盐是弱电解质。而强酸、强碱和绝大多数的盐是强电解质。

为了区别强电解质与弱电解质的电离，弱电解质电离方程式中的"$=$"改为"$\rightleftharpoons$"，如醋酸的电离方程式为"$HAc \rightleftharpoons H^+ + Ac^-$"。

9.3.3.2　碳酸钙在水中的电离

碳酸钙是白色的固体，非分子型化合物，难溶于水，把碳酸钙加入水中时会发生如图9.11所示的电离。

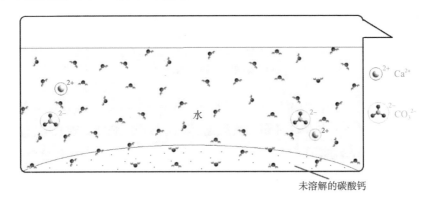

图9.11　碳酸钙在水中的溶解与电离

图9.11中，大部分碳酸钙在水中没有溶解，只有极少部分发生溶解，而且这溶解的极少部分碳酸钙发生了完全电离（因为图中没有溶解的"$CaCO_3$"微元存在），得到极少量的Ca^{2+}和CO_3^{2-}。饱和的碳酸钙溶液中由于离子的浓度极小，因此它的导电性极弱。但是尽管碳酸钙的溶解度很小，其饱和溶液导电性很弱，然而根据强电解质定义，由于碳酸钙溶解的那部分完全电离，因此碳酸钙也属于强电解质。除了碳酸钙，大多数难溶盐如$AgCl$、$BaCO_3$、$BaSO_4$等也具有类似的电离行为而属于强电解质。

醋酸和碳酸钙的例子说明：电解质的强弱与其溶液的导电性和溶解度均无关。

9.3.3.3　碳酸在水中的电离

H_2CO_3与醋酸同为弱酸，溶解在水中的碳酸只发生部分电离。碳酸在水中的电离过程如图9.12所示。

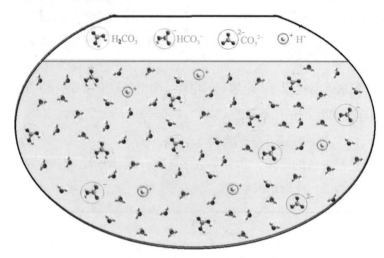

图9.12　碳酸在水中的溶解与电离

从图9.12可知，溶解的碳酸大部分没有电离，只有少部分发生电离，因此图中除了H_2O分子，最多的微粒是H_2CO_3分子。此外，碳酸中连接在O原子上的2个H原子，它们的脱去是分步的，即碳酸的电离是分级进行的，分别用球棍模型与化学式表示如下：

一级电离：$H_2CO_3 \rightleftharpoons H^+ + HCO_3^-$

二级电离：$HCO_3^- \rightleftharpoons H^+ + CO_3^{2-}$

碳酸的两级电离都是部分电离，所以电离方程式用"$\rightleftharpoons$"表示。另外，由于碳酸的分步电离逐级困难，因此碳酸溶液中的HCO_3^-的个数要比CO_3^{2-}多，如图9.12所示。

由于1个H_2CO_3分子最多可以电离出2个H^+，因此碳酸属于二元酸。常见的二元酸还有硫酸（H_2SO_4）、亚硫酸（H_2SO_3）和氢硫酸（H_2S）。

与碳酸一样，其他多元弱酸也会发生分步电离，常见的多元弱酸的分步电离方程式如下：

（1）H_2S：①$H_2S \rightleftharpoons H^+ + HS^-$

②$HS^- \rightleftharpoons H^+ + S^{2-}$

（2）H_2SO_3：①$H_2SO_3 \rightleftharpoons H^+ + HSO_3^-$

②$HSO_3^- \rightleftharpoons H^+ + SO_3^{2-}$

（3）H_3PO_4：①$H_3PO_4 \rightleftharpoons H^+ + H_2PO_4^-$

②$H_2PO_4^- \rightleftharpoons H^+ + HPO_4^{2-}$

③$HPO_4^{2-} \rightleftharpoons H^+ + PO_4^{3-}$

9.3.4 化合物在极高温度下的分离

化合物的原子之间具有较强的结合力，如要使原子彻底分离则必须完全破坏这个结合力。极高温度对原子间的结合力破坏比较彻底，使化合物的原子彻底分离甚至进一步使原子电离并产生等离子体。等离子体是物质的第四状态，如闪电就是一种等离子体（见图9.13），太阳里面也有等离子体。简单来讲，任何物质达到太阳的温度将变成类似太阳里面的成分。

图9.13 自然界的等离子体闪电

由于化合物在极高温下的分离涉及复杂的化学、原子物理及光学等知识，不属于典型的化学研究范畴，因此在化学中研究较少。中学化学中主要研究化合物在水中或熔融状态下的电离，即物理分离，或是化合物的分解反应，即化学分离。

自我检测九

一、判断题

1. 化学式 $NaHCO_3$ 中，阳式是"Na"，阴式是"HCO_3"。　　　（　）

2. 乙醇溶于水会增加水的导电性。　　　　　　　　　　　　（　）

3. 凡是在水中能电离出 H^+ 的化合物都是酸。　　　　　　　（　）

4. 电离指的是化合物在通电条件下分离为离子的过程。　　　（　）

5. 氯化钠在水中的电离时破坏的是二级聚集力。　　　　　　（　）

6. 氯化氢饱和溶液中存在 HCl 分子。　　　　　　　　　　　（　）

7. 一般多元弱酸的电离是逐级变难的。　　　　　　　　　　（　）

8. 电解质的强弱跟其饱和溶液的导电性无关。　　　　　　　（　）

9. 酸中有几个氢原子，就是几元酸。　　　　　　　　　　　（　）

10. $CaCO_3$ 高温分解为 CaO 和 CO_2 的分离属于化学分离。　（　）

二、填空题

1. 已知有10种物质分别为：①铜；②CO_2；③KOH；④饱和石灰水；⑤石墨；⑥HNO_3；⑦CH_4；⑧$CuSO_4$；⑨SiO_2；⑩Na_2O。请按以下要求把10种物质进行分类，并把相应的序号填在横线上。

（1）可导电的物质：＿＿＿＿＿＿＿＿＿＿＿＿＿＿＿＿＿＿＿＿＿

（2）不导电的物质：＿＿＿＿＿＿＿＿＿＿＿＿＿＿＿＿＿＿＿＿＿

（3）电解质：＿＿＿＿＿＿＿＿＿＿＿＿＿＿＿＿＿＿＿＿＿＿＿＿

（4）非电解质：＿＿＿＿＿＿＿＿＿＿＿＿＿＿＿＿＿＿＿＿＿＿＿

（5）既不是电解质也不是非电解质：＿＿＿＿＿＿＿＿＿＿＿＿＿＿

2. 已知有三种化合物分别为甲醇（CH_4O）、氰酸（HCN）和硫酸钙（$CaSO_4$），它们在水溶解中的电离情况如下页图所示：

根据图判断这三种化合物属于非电解质、强电解质还是弱电解质，并说明理由（已知液态甲醇不导电）。

（1）甲醇：＿＿＿＿＿＿；理由：＿＿＿＿＿＿＿＿＿＿＿＿＿＿

（2）氰酸：＿＿＿＿＿＿；理由：＿＿＿＿＿＿＿＿＿＿＿＿＿＿

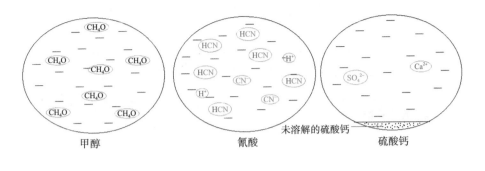

甲醇　　　　　　　氰酸　　　　未溶解的硫酸钙　　硫酸钙

（3）硫酸钙：_____；理由：_____

三、选择题

1. 重铬酸钾由 K 原子与 [Cr$_2$O$_7$] 拟原子（重铬酸根）构成，其化合价分别为 +1 和 −2，则下列正确表示重铬酸钾化学式的是　　　　　　（　　）

　　A. K$_2$Cr$_2$O$_7$　　　　B. KCr$_2$O$_7$　　　　C. KCr$_2$O$_7$　　　　D. K$_2$Cr$_2$O$_7$

2. 已知硝酸铁 $\left[\text{Fe}_2(\text{NO}_3)_3\right]$ 在溶解时可以完全电离，把含有 $0.3N_A^*$ 个 Fe$_2$(NO$_3$)$_3$ 微元的硝酸铁完全溶解于水得到 NO$_3^-$ 个数为　　　　　（　　）

　　A. $0.3N_A^*$　　　　B. $0.6N_A^*$　　　　C. $0.9N_A^*$　　　　D. $0.18N_A^*$

3. Al$_2$O$_3$ 属于电解质的本质原因是　　　　　　　　　　　　（　　）

　　A. 它在熔融状态下能导电　　　B. 它在水中能电离

　　C. 它属于金属氧化物　　　　　D. 它的熔点很高

4. 已知硫酸氢钠（NaHSO$_4$）在水中的电离方程式为 NaHSO$_4$ === Na$^+$ + H$^+$ + SO$_4^{2-}$，则下列关于硫酸氢钠的说法正确的是　　　　　（　　）

　　A. 它属于有机化合物　　　　　B. 它溶于水时能完全电离

　　C. 它能电离出 H$^+$，属于酸　　D. 它与氢氧化钠发生中和反应

5. 下列属于化学分离的是　　　　　　　　　　　　　　　　（　　）

　　A. 水蒸发变成水蒸气　　　　　B. MgO 在加热下熔融

　　C. 溶解的 BaSO$_4$ 在水中的电离　　D. NH$_4$Cl 加热分解为 NH$_3$ 和 HCl

四、书写电离方程式

1. 已知高氯酸 HClO$_4$ 为强酸，氢氟酸 HF 为弱酸，KOH 为强碱，一水合氨 NH$_3$·H$_2$O 为弱碱（一水合氨电离得到 NH$_4^+$ 和 OH$^-$），BaCO$_3$ 为难溶性盐，

请分别写出它们在水中的电离方程式。

（1）$HClO_4$：＿＿＿＿＿＿＿＿＿＿＿＿＿＿＿＿＿＿＿＿＿＿＿

（2）HF：＿＿＿＿＿＿＿＿＿＿＿＿＿＿＿＿＿＿＿＿＿＿＿＿＿

（3）KOH：＿＿＿＿＿＿＿＿＿＿＿＿＿＿＿＿＿＿＿＿＿＿＿＿

（4）$NH_3 \cdot H_2O$：＿＿＿＿＿＿＿＿＿＿＿＿＿＿＿＿＿＿＿＿

（5）$BaCO_3$：＿＿＿＿＿＿＿＿＿＿＿＿＿＿＿＿＿＿＿＿＿＿

2. 根据实验事实，人们总结出含氧酸的电离规律为：在水中，含氧酸中只有与氧原子直接相连的氢原子才能电离。下图是磷酸（H_3PO_4）、亚磷酸（H_3PO_3）和次磷酸（H_3PO_2）的球棍模型，请根据含氧酸的电离规律分别用球棍模型和化学式表示这三种分子型化合物的电离方程式（如有多级电离则都要分级表示）。

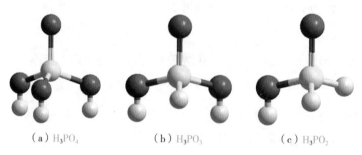

（a）H_3PO_4　　　　（b）H_3PO_3　　　　（c）H_3PO_2

（1）H_3PO_4

电离方程式（球棍模型）：

电离方程式（化学式型）：＿＿＿＿＿＿＿＿＿＿＿＿＿＿＿＿＿＿

（2）H_3PO_3

电离方程式（球棍模型）：

电离方程式（化学式型）：＿＿＿＿＿＿＿＿＿＿＿＿＿＿＿＿＿＿

（3）H_3PO_2

电离方程式（球棍模型）：

电离方程式（化学式型）：＿＿＿＿＿＿＿＿＿＿＿＿＿＿＿＿＿＿

第10章

微观单位反应

⚛ 10.1 化学反应的"变"与"不变"

化学反应是有新物质生成的化学变化,所以化学反应的"变"指的是物质的转变,即旧物质向新物质的转变。

物质的转变在宏观上直接表现为物质量的改变,旧物质的质量在减小,而新物质的质量在增大,同时伴随状态、颜色和气味等的改变。例如:液态的水通电分解为气态的氢气与氧气;白色的无水硫酸铜遇水变成蓝色的五水硫酸铜[$CuSO_4 \cdot 5H_2O$](见图10.1);无味的FeS与硫酸反应生成具有臭鸡蛋味道的H_2S;等等。

图10.1 遇水后的$CuSO_4$

物质的转变在微观上简单来讲是分子或微元的转变,如氯酸钾在二氧化锰催化下加热分解为氯化钾和氧气的反应,微观上是$KClO_3$微元转变为KCl微元和O_2分子。复杂来讲是原子聚集方式的变化,这是因为每种物质的聚集方式是唯一的,物质改变了,原子的聚集方式也一定改变。例如石墨在一定条件下转化为金刚石的反应,尽管两者都由碳原子构成,但碳原子的聚集方式明显是不同的,如图10.2所示。

由于化学变化中原子不能再分,因此化学反应中的"不变"指的是物质转变过程中其原子的种类与个数是不变的,这是化学反应遵守质量守恒原理的本质原因。

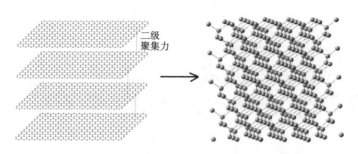

二级
聚集力

图10.2　石墨转化为金刚石的反应中碳原子聚集方式的改变

10.2　化学反应的描述

既然化学反应存在变与不变，化学反应的描述应该把这些变与不变体现出来。通常，对化学反应的描述可以分为定性和定量的视角。

10.2.1　化学反应的定性描述

化学反应定性上的"变"指的是物质的转变，转变方向为"旧物质→新物质"。转变的起因是，当满足一定条件时，旧物质（同种或不同种）之间发生了反应。其中，旧物质又称反应物，新物质又称生成物。在化学反应进行过程中，反应物逐渐变少而生成物逐渐变多。

化学反应定性上的"不变"指的是元素或原子种类的不变，即反应物转变为生成物的过程中，涉及的元素或原子种类保持不变。

如高锰酸钾加热分解生成锰酸钾、二氧化锰和氧气的反应中，高锰酸钾是反应物，生成物是锰酸钾、二氧化锰和氧气，加热条件下高锰酸钾内部发生了反应。反应进行时，高锰酸钾逐渐变少，锰酸钾、二氧化锰和氧气逐渐变多。在这一反应中，涉及的元素始终是钾、锰和氧。该反应可以用式子表示如下：

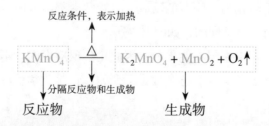

反应条件，表示加热

$$KMnO_4 \xrightarrow{\triangle} K_2MnO_4 + MnO_2 + O_2\uparrow$$

分隔反应物和生成物

反应物　　　　　生成物

像上面这样的式子称为定性化学反应式。一般定性反应式中给出了反应物、生成物（必要时对生成物的状态进行标志，通常用"↑"表示气体，用"↓"表示溶液中沉淀）和反应条件等信息。需要说明的是，如果不标条件则默认是常温常压条件而不是没有条件。

10.2.2　化学反应的定量描述

化学反应进行时，从物质微观内容角度来看，可以认为是反应物微元（分子）不断转化为生成物微元（分子）的过程，因此前者数目一直在减少，后者数目一直在增多。由于化学反应的原子的种类和个数保持不变，因此反应物微元（分子）的减少的数目和生成物微元（分子）增多的数目之间必然满足某种定量关系。如 $H_2O_2 \xrightarrow{MnO_2} H_2O + O_2\uparrow$ 定性反应式中，H_2O_2（注意："O_2"整体是绿色说明 $[O_2]$ 不是原子，而是拟原子，名称为过氧酸根，化合价为 –2，分离出来后为过氧酸根离子 $O_2{}^{2-}$）分子转化为 H_2O 分子和 O_2 分子，那么减少的 H_2O_2 分子数目 $\Delta N(H_2O_2)$ 及增多的 H_2O 分子和 O_2 分子数目 $\Delta N(H_2O)$ 和 $\Delta N(O_2)$ 之间是什么样的定量关系呢？该问题的答案可以用表 10.1 的枚举法来确定。

从表 10.1 中可看出，第 3 种枚举法中减少的 2 个 H_2O_2 分子与增多的 2 个 H_2O 和 1 个 O_2 分子的原子个数相等，符合质量守恒原理。因此，过氧化氢催化分解反应中，其微观定量关系为当 2 个 H_2O_2 分子消失时必同时生成 2 个 H_2O 和 1 个 O_2 分子，即 2 个 H_2O_2 分子可以转化为 2 个 H_2O 和 1 个 O_2 分子。

表 10.1　枚举法确定 H_2O_2 分子转化为 H_2O 分子和 O_2 分子的定量关系

枚举序号	反应物		生成物			质量是否守恒
	$\Delta N(H_2O_2)$	原子个数	$\Delta N(H_2O)$	$\Delta N(O_2)$	原子个数	
1	1	2H，2O	1	1	2H，3O	否
2	2	4H，4O	1	2	2H，5O	否
3	2	4H，4O	2	1	4H，4O	是

以上定量关系可以用式子表示如下：

$$2H_2O_2 \xrightarrow{MnO_2} 2H_2O + O_2\uparrow$$

像以上反映反应物微元（分子）与生成物微元（分子）之间的定量转化关系的式子称为**定量化学反应式**，即常规教材中所说的**化学方程式**。相比于定性化学反应式，定量化学反应式有两处不同：①多了正整数数字，这些数字称为**化学计量数**，当数字为1时可省略；②"——"变成了等号"=="，"=="的含义是当反应物微元（或分子）转化为生成物微元（或分子）时，反应前后每种原子的个数保持相等，遵循质量守恒原理。

10.2.3　化学计量数的含义

化学计量数是化学方程式中的核心部分，它们体现了质量守恒原理，是化学反应计算的数学基础。下面将以氯酸钾在二氧化锰的催化下分解生成氯化钾和氧气（见图10.3）的化学方程式为例说明化学计量数的含义。

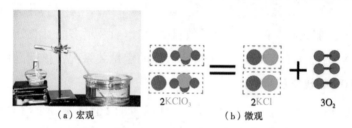

（a）宏观　2KClO₃　（b）微观　2KCl　3O₂

图10.3　宏观与微观两个视角下的氯酸钾催化分解反应

当氯酸钾在二氧化锰催化下加热分解时，从图10.3（a）中实验可以观察到氯酸钾不断减少，同时水槽中有气泡冒出（生成了氧气）。而微观上则是 $KClO_3$ 微元不断转化为 KCl 微元和 O_2 分子，其定量转化关系为2个 $KClO_3$ 微元转化为2个 KCl 微元和3个 O_2 分子。用化学方程式表示如下：

$$2KClO_3 \xrightarrow[\triangle]{MnO_2} 2KCl + 3O_2\uparrow$$

以上化学方程式中的计量数分别为2、2和3，它们有两种含义，其一为个数含义，其二为比例数含义。个数含义指该反应物微元（分子）转化为生成物微元（分子）的**最小个数**转化关系，即2个 $KClO_3$ 微元转化为2个 KCl 微元和3个 O_2 分子，没有比这个更小的转化关系了，其他的4（6、8、10……）个 $KClO_3$ 微元转化为4（6、8、10……）个 KCl 微元和6（9、12、

15……）个O_2分子都比它大；比例数含义指反应消耗的$KClO_3$微元和生成的KCl微元及O_2分子的数目比例为$2:2:3$（最简比）。由于化学计量数表示最小的个数转化关系，当它表示比例数时必然是最简比，这也是化学方程式的计量数符合最简比的原因。

综上所述，常规的化学方程式的计量数既可以表示物质微元（分子）个数的最小个数转化关系，也可以表示反应物消耗的微元（分子）个数与生成物生成的微元（分子）个数的最简比。

10.2.4 化学计量数的确定——化学方程式的配平

化学计量数的确定既是定性反应式变为定量反应式的过程，也是常规所讲的化学方程式的配平过程，是初学化学方程式的难点之一。

化学方程式的配平没有通用的方法，只有一些教师们在教学中总结出来的经验。

10.2.4.1 观察法

对于简单的化学反应，可以用观察法来配平，如氮气与氧气生成一氧化氮的反应：

$$N_2 + O_2 \longrightarrow NO$$

观察方程左右两边，左边有2个N和2个O，右边有1个N和1个O，在右边NO前配上"2"，两边每种原子数目相等，遵守质量守恒定律，且计量数1、1和2符合最简比。配平后的方程为：

$$N_2 + O_2 \Longrightarrow 2NO$$

练习用观察法配平以下化学方程式（其中"△"表示温度要求不太高的加热方式，如用酒精灯等）：

$$\square Cu + \square O_2 \overset{\triangle}{=\!=\!=} \square CuO$$

10.2.4.2 最小公倍数法

对于稍复杂的反应，观察法虽然也可以用，但效率不高，这时可使用最小公倍数法。最小公倍数法是先把未配平的方程式左右两边的某种元素原子个数配平到最小公倍数，在此基础上再继续对其他元素原子依次配平。为了提高该方法的效率，第一次选择配平的元素原子应该是最复杂的化学式中个数最多的元素原子。以前面的磷的燃烧反应为例，采用最小公倍数的配平过程如下所示：

第一步：写出反应的定性反应式 $P + O_2 \xrightarrow{\text{点燃}} P_2O_5$，选择首先需配平的原子。观察反应式可知，首先要配平的元素原子是 P_2O_5 中的 O 原子。

第二步：用最小公倍数法配平首选的原子。观察以上定性方程式可知，左边 O 原子数是 2，右边 O 原子数是 5，2 和 5 的最小公倍数为 10，所以左边 O_2 前配 5，右边 P_2O_5 前配 2，这样左右两边的 O 原子数都为 10。此时式子变为：

$$P + 5O_2 \xrightarrow{\text{点燃}} 2P_2O_5$$

第三步：在第二步基础上继续用最小公倍数法配平其他原子。O 原子配平后，此时左边有 1 个 P，右边有 4 个 P，因此在左边 P 前配上 4 后，两边 P 原子个数相等。此时所有的原子配平都完成，最终得到的配平方程式为：

$$4P + 5O_2 \xrightarrow{\text{点燃}} 2P_2O_5$$

练习用最小公倍数法配平以下化学方程式：

$$\Box P + \Box Cl_2 \xrightarrow{\text{点燃}} \Box PCl_5$$

10.2.4.3 待定系数法

对于更复杂的反应，观察法和最小公倍数法都不再适用，这时候可以使用待定系数法。

待定系数法是先设方程式中最复杂的化学式的计量数为 1，其他化学式的计量数分别设为 x，y，z，……，再根据质量守恒定律列出方程组，并解出每个未知计量数 x，y，z，……，最后把计量数转化为最简整数比。如 NO_2 与 H_2O 反应生成 HNO_3 和 NO 的反应，用待定系数法配平的步骤如下：

第一步：设未知数。反应中化学式 HNO_3 最复杂，把它的化学计量数设为 1，NO_2、H_2O 和 NO 的化学计量数分别设为 x，y 和 z，此时反应方程式可以表示如下：

$$xNO_2 + yH_2O \longrightarrow HNO_3 + zNO$$

第二步：根据质量守恒定律列出数学方程组，并解出未知数。

根据质量守恒原理，方程左右两边的 N、H 和 O 原子的个数应该相等，用数学方程组表示如下：

$$\begin{cases} x = z + 1 & \text{N原子守恒} \\ 2x + y = 3 + z & \text{O原子守恒} \\ 2y = 1 & \text{H原子守恒} \end{cases}$$

容易解得 $x = 3/2$，$y = 1/2$ 和 $z = 1/2$。

第三步：把未形成最简整数比的化学计量数转化为最简整数比，并写出最终配平好的化学方程式，检查两边每种原子的个数是否相等。

解得的化学计量数从左至右分别为 3/2、1/2、1 和 1/2，不符合最简整数比，可将其转化为最简整数比 3、1、2 和 1。根据新的化学计量数写出化学方程式如下：

$$3NO_2 + H_2O \xrightarrow{\hspace{2cm}} 2HNO_3 + NO$$

检查方程左右两边的每种原子的个数是否相等，如果相等则配平结束，如果不等须找出问题并解决问题。

10.3 微观单位反应

在想象里，我们可以把水分为一个个水分子，也可以把盐分为一个个氯化钠微元。对于进行了一定程度的反应，由于其反应结果是确定的，如果忽略反应历程并只考虑反应的结果，则在微观上可把这个宏观的反应结果看成是一个个微观单位反应结果的总和。微观单位反应即把化学计量数看成个数时的化学反应方程式所表示的反应结果。如反应 $2H_2 + O_2 \xrightarrow{\text{点燃}} 2H_2O$ 的微观单位反应指的是在点燃条件下，2 个 H_2 分子与 1 个 O_2 分子反应得到 2 个 H_2O 分子的结果。有了微观单位反应的概念，就像宏观物质可以看作由微观的微元（分子）构成，宏观反应也可以看作由微观单位反应构成。物质的质量越大，其包含的微元（分子）就越多。类似地，反应进行的程度越大，其包含的微观单位反应就越多。如氯化铵加热会生成氯化氢和氨气，其化学方程式为：

$$NH_4Cl \xrightarrow{\triangle} HCl\uparrow + NH_3\uparrow$$

首先，该反应的微观单位反应指的是 1 个 NH_4Cl 微元转化为 1 个 HCl 分子和1个NH₃分子的反应结果。其次，氯化铵宏观上的分解结果等于微观上多个微观单位反应结果的总和，即宏观上能观察到氯化铵固体的减少，微观上虽然观察不到但可以想象到氯化铵微元转化为氯化氢分子和氨气分子的微观单位反应结果在不断发生（见图10.4）。

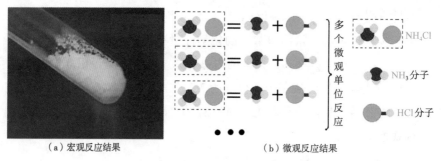

（a）宏观反应结果　　　　　　　（b）微观反应结果

图10.4　氯化铵加热分解反应的宏观反应结果和微观反应结果

注意：微观单位反应只有结果意义而无过程意义，即它只与反应结果有关而与反应过程无关，不能认为实际的反应是按一个个微观单位反应发生的，它只强调反应前后物质微观内容的定量变化。事实上，化学反应的过程非常复杂，初中化学为了简化问题一般只研究反应结果。

微观单位反应提出的意义在于，我们可以从微观角度来定量研究化学反应的结果。另外，化学方程式也有了新的含义，即它表示该反应的一个微观单位反应结果。

适用于微观单位反应概念的化学反应的方程式中的计量数一般要求符合最简比，但是在特殊情况下，为了研究问题的方便，化学计量数可以用分数，也可以不需要符合最简比。例如，氢气在氧气中燃烧的化学反应方程式可以有以下三种写法：

$$2H_2 + O_2 \xrightarrow{\text{点燃}} 2H_2O \quad （标准方程式）$$

$$H_2 + \frac{1}{2}O_2 \xrightarrow{\text{点燃}} H_2O \quad （特殊方程式）$$

$$4H_2 + 2O_2 \xrightarrow{\text{点燃}} 4H_2O \quad （特殊方程式）$$

对于同一反应，如果描述它的化学方程式不一样，则这些方程式对应的微观单位反应的含义也不一样。如后两种特殊方程式的微观单位反应含义分别为"1个H_2分子和1/2个O_2分子反应生成1个H_2O的结果"和"4个H_2分子和2个O_2分子反应生成4个H_2O的结果"。前者中的"1/2个O_2分子"的说法虽然不合理，但如果能简化问题且可以得到正确的结论，这样的说法在科学研究中也是允许的，这种"假借法"在科学研究中很常见。

10.4　根据化学反应方程式进行计算

铁是生活中应用最广泛的金属之一，但铁在自然界几乎都是以化合物的形式存在的（极少量以单质的形式存在于陨石中，俗称陨铁，如图10.5所示）。工业上冶炼铁是把铁从其化合物中还原出来，该过程涉及多个化学反应（见图10.6）。其中主要反应的化学反应方程式为：

图10.5　陨铁

$$Fe_2O_3 + 3CO \xrightarrow{\text{高温}} 2Fe + 3CO_2$$

该反应的微观单位反应表示1个Fe_2O_3微元与3个CO分子在加热条件下反应生成2个Fe微元和3个CO_2分子。在这个转化关系中，相关物质的微元（分子）的个数比为1∶3∶2∶3。由于在化工生产中一般用质量为单位来计算反应中物质消耗或产生的量，所以微元（分子）转化个数比需要转化为质量变化比。由于微元（分子）的质量等于其相对质量M_r乘以标准质量$m_标准$，则1个Fe_2O_3微元、3个CO分子、2个Fe微元和3个CO_2的质量分别为：

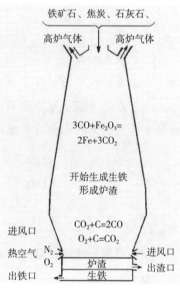

图10.6　高炉炼铁原理

1个Fe_2O_3微元的质量：$1 \times M_r(Fe_2O_3) \times m_{标准} = 160m_{标准}$

3个CO微元的质量：$3 \times M_r(CO) \times m_{标准} = 84m_{标准}$

1个Fe微元的质量：$2 \times M_r(Fe) \times m_{标准} = 112m_{标准}$

3个CO_2微元的质量：$3 \times M_r(CO_2) \times m_{标准} = 132m_{标准}$

由于宏观反应结果是数目巨大的微观单位反应结果的总和，所以宏观上消耗的反应物Fe_2O_3和CO和生成的生成物Fe和CO_2的质量比应该等于其微观单位反应中相应微元的质量变化比，即160：84：112：132。

以上例子说明，从微观单位反应的微元（分子）质量变化比可以知道其宏观反应中各物质的质量变化比。因此，当生产一定质量的金属铁时，人们根据这个关系可以计算出所需的CO的质量。

例10.1：已知赤铁矿石中Fe_2O_3的含量为40%，现在要生产11.2t的金属铁，请问需要赤铁矿石多少吨，冶炼过程中产生的二氧化碳废气多少立方米（已知CO_2密度为$2.0g/dm^3$）？（相对原子质量：C为12；O为16；Fe为56）

解：

（1）写出化学反应方程式：

$$Fe_2O_3 + 3CO \xrightarrow{\text{高温}} 2Fe + 3CO_2$$

（2）设未知数：

设需要赤铁矿石的质量为x吨，生成的二氧化碳$y\,m^3$。

（3）在每个反应物和生成物下方分别写出相应的质量变化比数，在比数的下方继续写出该物质实际消耗或生成的质量：

$$Fe_2O_3 + 3CO \xrightarrow{\text{高温}} 2Fe + 3CO_2$$

160　　　　　　112　　132

xt　　　　　　11.2t　$\dfrac{2y}{1000}$t

（4）根据物质的质量变化比计算未知数：

由

$$x\text{t} : 11.2\text{t} : \frac{2y}{1000}\text{t} = 160 : 112 : 132$$

变形为

$$\frac{x\text{t}}{160} = \frac{11.2\text{t}}{112} = \frac{\frac{2y}{1000}\text{t}}{132}$$

解得：$x=16$，$y=6600$。

（5）回答问题。

答：需要赤铁矿石 16t，产生的二氧化碳废气为 6600m³。

从以上例子可以做出以下推论：

推论：对于任何化学反应，其物质的质量变化比等于每种物质的相对微元（分子）质量乘以其化学计量数的积的比。用式子可以表示如下：

化学方程式：$a_1A_1 + a_2A_2 + \cdots + a_nA_n = b_1B_1 + b_2B_2 + \cdots + b_mB_m$

质量变化比：$a_1M_r(A_1) : a_2M_r(A_2) : \cdots : a_nM_r(A_n) : b_1M_r(B_1) : b_2M_r(B_2) : \cdots : b_mM_r(B_m)$

上式中，一些符号和变量的定义为：

①A_1~A_n 为反应物，B_1~B_m 为生成物；

②a_1~a_n 分别为反应物 A_1~A_n 的化学计量数，b_1~b_m 分别为生成物 B_1~B_m 相应的化学计量数；

③$M_r(A_1)$~$M_r(A_n)$ 分别为反应物 A_1~A_n 的相对微元质量，$M_r(B_1)$~$M_r(B_m)$ 分别为生成物 B_1~B_m 的相对微元质量。

例 10.2：写出反应"$2NH_4Cl + Ca(OH)_2 \xrightarrow{\triangle} CaCl_2 + 2NH_3\uparrow + 2H_2O$"中的各种物质的质量变化比。（相对原子质量：H 为 1；O 为 16；N 为 14；Cl 为 35.5；Ca 为 40）

解：NH_4Cl、$Ca(OH)_2$、$CaCl_2$，NH_3 和 H_2O 的相对微元质量分别为 53.5、74、111、17 和 18，相应的化学计量数分别为 2、1、1、2 和 2，所以该反应各物质的质量变化比为

$$53.5 \times 2 : 74 \times 1 : 111 \times 1 : 17 \times 2 : 18 \times 2$$

即

$$107 : 74 : 111 : 34 : 36$$

答：该反应的各物质质量变化比从左到右为 107: 74: 111: 34: 36。

以上比例的含义是：①对于反应"$2NH_4Cl + Ca(OH)_2 \xrightarrow{\triangle} CaCl_2 + 2NH_3\uparrow + 2H_2O$"，$NH_4Cl$ 和 $Ca(OH)_2$ 减少的质量与 $CaCl_2$、NH_3 和 H_2O 增加的质量的比例恒等于 107：74：111：34：36；②对于该反应，只要 NH_4Cl 消

耗107份质量，则必然同时消耗74份质量的 $Ca(OH)_2$，并生成111份质量的 $CaCl_2$、34份质量的 NH_3 和36份质量的 H_2O。

✿ 10.5 微观反应进度

把木炭粉与氧化铜混合后高温加热，可以观察到黑色的氧化铜变红，同时生成的气体可以使澄清石灰水变浑浊。反应实验装置如图10.7所示。该反应用方程式表示如下：

图10.7 木炭还原氧化铜实验

$$2CuO + C \xrightarrow{\text{高温}} 2Cu + CO_2\uparrow$$

随着反应的进行，试管中的氧化铜和木炭不断减少，而生成的铜和二氧化碳越来越多，直到反应达到极限。该过程中反应物与生成物质量的变化如图10.8所示（已知反应开始时的氧化铜和木炭的质量分别为8g和2g）。在达到极限的这段时间内，不同的时间反应进行的程度不同。该反应的反应物和生成物的质量在这段时间的变化如表10.2的数据和图10.8的曲线所示（为了简化问题，假设反应是匀速进行的）。

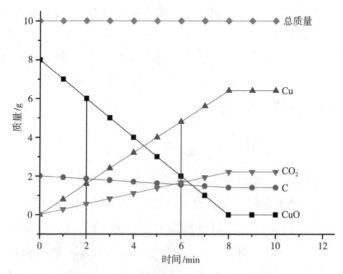

图10.8 木炭还原氧化铜各物质质量随时间的变化

表 10.2　木炭还原氧化铜各物质的质量随时间的变化

时间 /min	质量 /g				
	CuO	C	Cu	CO_2	总质量
0	8	2	0	0	10
1	7	1.925	0.8	0.275	10
2	6	1.85	1.6	0.55	10
3	5	1.775	2.4	0.825	10
4	4	1.7	3.2	1.1	10
5	3	1.625	4	1.375	10
6	2	1.55	4.8	1.65	10
7	1	1.475	5.6	1.925	10
8	0	1.4	6.4	2.2	10

在表 10.2 中，在每一个时刻，反应进度都不同，如在 2min 时 CuO 质量减少 2g，C 减少 0.15g，Cu 质量增加 1.6g，CO_2 质量增加 0.55g；在 6min 时 CuO 质量减少 6g，C 减少 0.45g，Cu 质量增加 4.8g，CO_2 质量增加 1.65g。此即宏观上对反应进度的描述，一般以某种物质（反应物或生成物）的质量变化 Δm 来描述。如反应进行到 2min 时，宏观反应进度可以描述为 CuO 质量减少了 2g 或 Cu 质量增加了 1.6g 等。除了可以从宏观角度来描述反应进度，同样也可以从微观角度来描述反应进度。从微观角度来描述的反应进度称为微观反应进度。微观反应进度指的是反应结果所包含的微观单位反应的个数。宏观反应进度与微观反应进度既有区别又有联系。下面将以木炭还原氧化铜的反应来说明两者之间的联系。

木炭还原氧化铜的化学方程式为：

$$2CuO + C \xrightarrow{\text{高温}} 2Cu + CO_2\uparrow$$

当发生 1 个微观单位反应结果时，相关物质的质量变化分别为（质量变化都为正值，对反应物是减少，对生成物是增大）：

$\Delta m(CuO)=2m_{CuO}$，　$\Delta m(C)=m_C$，　$\Delta m(Cu)=2m_{Cu}$，　$\Delta m(CO_2)=m_{CO_2}$

当发生 2 个微观单位反应结果时，相关物质的质量变化分别为：

$\Delta m(\text{CuO})=4m_{\text{CuO}}$， $\Delta m(\text{C})=2m_{\text{C}}$， $\Delta m(\text{Cu})=4m_{\text{Cu}}$， $\Delta m(\text{CO}_2)=2m_{\text{CO}_2}$，

……

当发生N_A^*个微观单位反应结果时，相关物质的质量变化分别为：

$$\Delta m(\text{CuO}) = 2N_A^* m_{\text{CuO}} = 2M_r(\text{CuO})\text{g}, \quad m(\text{C}) = N_A^* m_{\text{C}} = M_r(\text{C})\text{g}$$

$$\Delta m(\text{Cu})=2N_A^* m_{\text{Cu}} = 2M_r(\text{Cu})\text{g}, \quad \Delta m(\text{CO}_2) = N_A^* m_{\text{CO}_2} = M_r(\text{CO}_2)\text{g}$$

以上表明，当发生N_A^*个微观单位反应结果时，各物质的质量变化（以g为单位）在数值上等于该物质的相对微元质量乘以其化学计量数，即宏观反应进度为：CuO减少160g，C减少12g，Cu增加128g，CO_2增加44g。

在表9.2中，当反应进行到4min时，宏观反应进度为$\Delta m(\text{CuO})=4\text{g}$。由于宏观进度与微观进度同比例增大，如果以$\tau_{微观}$表示微观进度，则4min时反应的微观进度为：

$$\tau_{微观}(4\text{min}) = \frac{4\text{g}}{160\text{g}} \times N_A^* = 0.025N_A^*$$

以上式子表明，当宏观上消耗的CuO的质量为4g时，相当于在微观上发生了$0.025N_A^*$个微观单位反应的结果，$0.025N_A^*$即该反应的微观反应进度。由于微观反应进度用得较多，因此如不做特别说明，反应进度指的是微观反应进度。由以上例子可得任何反应中物质A的质量变化$\Delta m(\text{A})$跟$\tau_{微观}$的关系如下：

$$\tau_{微观} = \frac{\Delta m(\text{A})}{a_A M_r(\text{A})\text{g}} N_A^* \qquad (10.1)$$

式中，a_A为反应方程式中物质A的化学计量数；$M_r(\text{A})$为物质A的相对分子（微元）质量；g为质量单位克。推论：当反应进行至某一时刻时，反应进度是明确的、唯一的，因此无论用哪种物质的质量变化根据公式（10.1）来计算微观反应进度，结果都一样。此外，由于式（10.1）的反应进度的计算跟化学计量数有关，因此对于同一反应，当表示它的化学方程式不同时，则计算得到的反应进度也不同，这是因为不同化学方程式其微观单位反应含义不一样。如过氧化氢的分解反应有以下两种化学反应方程式：

反应①：$H_2O_2 \xrightarrow{\text{催化剂}} H_2\uparrow + \dfrac{1}{2}O_2\uparrow$

反应②：$2H_2O_2 \xrightarrow{\text{催化剂}} 2H_2\uparrow + O_2\uparrow$

当有 2g 氢气生成时，根据以上两种反应方程式分别计算得到的反应进度为：

反应①：$\tau_1 = \dfrac{\Delta m(H_2)}{a_{H_2}M_r(H_2)g}N_A^* = \dfrac{2g}{1\times 2g}N_A^* = N_A^*$

反应②：$\tau_2 = \dfrac{\Delta m(H_2)}{a_{H_2}M_r(H_2)g}N_A^* = \dfrac{2g}{2\times 2g}N_A^* = \dfrac{1}{2}N_A^*$

以上表明，同一反应按不同方程式计算得到的反应进度是不同的。由反应②=反应①×2，而 $2\tau_2=\tau_1$ 可推测：如果反应 A=n× 反应 B，则 $n\tau_A=\tau_B$，即反应的化学计量数与反应进度成反比。

例 10.3：常温下，钠在空气中很快与氧气反应生成氧化钠，反应方程式为 $4Na + O_2 === 2Na_2O$，请问：（相对原子质量：Na 为 23；O 为 16）

（1）当消耗氧气 1.6g 时，反应的微观反应进度为多少？

（2）当微观反应进度为 $2N_A^*$ 时，各物质的质量变化为多少？

解：（1）根据式（10.1）可得：

$$\tau_{微观} = \dfrac{\Delta m(O_2)}{a_{O_2}M_r(O_2)g}N_A^* = \dfrac{1.6g}{1\times 32g}N_A^* = 0.05N_A^*$$

（2）同样根据式（10.1）和推论可得：

$$\tau_{微观} = \dfrac{\Delta m(Na)}{a_{Na}M_r(Na)g}N_A^* = \dfrac{\Delta m(O_2)}{a_{O_2}M_r(O_2)g}N_A^* = \dfrac{\Delta m(Na_2O)}{a_{Na_2O}M_r(Na_2O)g}N_A^*$$

因 $\tau_{微观}=2N_A^*$，故有：

$$\Delta m(Na) = 2a_{Na}M_r(Na)g = 2\times 4\times 23g = 184g$$

$$\Delta m(O_2) = 2a_{O_2}M_r(O_2)g = 2\times 1\times 32g = 64g$$

$$\Delta m(Na_2O) = a_{Na_2O}M_r(Na_2O)g = 2\times 2\times 62g = 248g$$

答：（1）反应进度为发生了 $0.05N_A^*$ 个微观单位反应结果；（2）当反应进度为 $2N_A^*$ 时，钠质量减少 184g，氧气质量减少 64g，而氧化钠质量增加 248g。

自我检测十

一、判断题

1. 定性反应方程式不需要标出反应条件。 （ ）

2. 从定量化学方程式可以直接知道各物质的微元（分子）个数变化比，间接知道各物质的质量变化比。 （ ）

3. 化学反应是按微观单位反应一个接一个地进行的。 （ ）

4. 微观单位反应只有结果意义，没有过程意义。 （ ）

5. 同一反应用不同化学方程式表示时，它们的微观单位反应含义相同。 （ ）

6. 当反应进行到某一时刻时，根据同一方程式用不同物质计算出来的反应进度不同。 （ ）

7. 某一反应可以用反应A或反应B来表示，且反应A＝3×反应B，当反应进行到某一时刻时，根据两种反应计算的反应进度关系为$\tau_A=3\tau_B$。（ ）

8. 当某反应的反应进度不再随时间变化时，说明该反应已经达到限度。 （ ）

二、简答题

说出下列反应的微观单位反应含义。

（1）碳酸氢钠的分解反应：$2NaHCO_3 \xrightarrow{\triangle} Na_2CO_3 + CO_2\uparrow + H_2O$

答：＿＿＿＿＿＿＿＿＿＿＿＿＿＿＿＿＿＿＿＿＿＿＿＿＿

（2）氧化钙吸水反应：$CaO + H_2O === Ca(OH)_2$

答：＿＿＿＿＿＿＿＿＿＿＿＿＿＿＿＿＿＿＿＿＿＿＿＿＿

（3）铝热反应：$Al + Fe_2O_3 \xrightarrow{高温} Fe + Al_2O_3$

答：＿＿＿＿＿＿＿＿＿＿＿＿＿＿＿＿＿＿＿＿＿＿＿＿＿

三、计算题

1. 分别计算下列化学反应的质量变化比。

（1）$HCl + NaOH === NaCl + H_2O$（相对原子质量：H为1；O为16；

Na 为 23；Cl 为 35.5）

（2）$CO_2 + Ca(OH)_2 \xlongequal{\hspace{1cm}} CaCO_3\downarrow + H_2O$（相对原子质量：H 为 1；O 为 16；C 为 12；Ca 为 40）

（3）$2KMnO_4 \xlongequal{\triangle} K_2MnO_4 + MnO_2 + O_2\uparrow$（相对原子质量：K 为 39；O 为 16；Mn 为 55）

2. SO_3 是工业生产硫酸的原料，其制备方程式为 $2SO_2 + O_2 \xrightarrow[\text{高温}]{\text{催化剂}} 2SO_3$，如果生产 0.8t 的 SO_3，则需要多少体积的空气？已知空气的密度为 $1.29kg/m^3$，空气中氧气的质量含量比为 25%。

3. 在高温条件下，木炭与二氧化碳反应可以生成一氧化碳，反应方程式为：

$$C + CO_2 \xlongequal{\text{高温}} 2CO$$

请问：（相对原子质量：C 为 12；O 为 16）

（1）当消耗 18g 木炭时，反应进度是多少？

（2）当反应进度为 $2.5N_A^*$ 时，各物质的质量变化分别为多少？

（3）当反应表示为 $2C + 2CO_2 \xlongequal{\text{高温}} 4CO$ 时，根据该化学方程式算得（1）中的反应进度为多少？

第11章

有电子转移的反应——氧化还原反应

♣ 11.1 四大基本反应

初中主要学习四大基本反应：①分解反应；②化合反应；③置换反应；④复分解反应。

一种物质分解得到多种物质的反应称为分解反应，如过氧化氢、碳酸钙和氯化铵的分解等。分解反应属于物质的化学分离，其特征是"一变多"。

$$2H_2O_2 \xrightarrow{MnO_2} 2H_2O + O_2\uparrow$$

$$CaCO_3 \xrightarrow{\triangle} CaO + CO_2\uparrow$$

$$NH_4Cl \xrightarrow{\triangle} HCl\uparrow + NH_3\uparrow$$

多种物质反应得到一种物质的反应称为化合反应，如硫在氧气中的燃烧、二氧化碳与水的反应和氮气与氢气合成氨等。化合反应的特征是"多变一"。

$$S + O_2 \xrightarrow{点燃} SO_2$$

$$CO_2 + H_2O === H_2CO_3$$

$$N_2 + 3H_2 \xrightarrow[催化剂]{高温高压} 2NH_3$$

一种单质与一种化合物反应生成另一种单质与另一种化合物的反应称为置换反应，如锌置换出硫酸中的氢气、铁置换出硫酸铜中的铜和铝置换出氧化铁中的铁等。置换反应的特征是"一单一化变另一单一化"，其规律之一是：活动顺序在前的金属可以把活动顺序在后的金属从其盐或金属氧化物中置换出来。

$$Zn + H_2SO_4 \Longrightarrow Zn_2SO_4 + H_2\uparrow$$

$$Fe + CuSO_4 \Longrightarrow FeSO_4 + Cu$$

$$Al + Fe_2O_3 \xrightarrow{高温} Fe + Al_2O_3$$

两种化合物互相交换阳式原子（拟原子）或阴式原子（拟原子）的反应称为复分解反应，如酸与碱反应生成盐和水的反应、盐酸与碳酸钙生成氯化钙与碳酸（最终分解为二氧化碳与水）的反应和硫酸铜跟氢氧化钠生成硫酸钠跟氢氧化铜沉淀的反应等。复分解反应的特征是"两种化合物之间交换正价或负价原子（拟原子），交换后原子（拟原子）的化合价保持不变"。

$$HCl + NaOH \Longrightarrow NaCl + H_2O(HOH)$$

$$2HCl + CaCO_3 \Longrightarrow CaCl_2 + H_2CO_3(H_2CO_3 \Longrightarrow CO_2\uparrow + H_2O)$$

$$CuSO_4 + 2NaOH \Longrightarrow Na_2SO_4 + Cu(OH)_2\downarrow$$

由于本书中对复分解反应的定义与常规教材上的不同，因此有必要对这个定义进行解释。复分解反应的反应物为两种化合物，而且这两种化合物都只含有两种原子（拟原子），即其化学式都可以分为阴式和阳式。当它们相互之间交换正价原子（拟原子）或负价原子（拟原子）并保持化合价不变时，就发生了复分解反应，相应的化学方程式中相当于两种化学式阳式或阴式的交换。如硫酸铜与氢氧化钠的反应，它们之间的阳式或阴式的交换及化合价的变化情况如图 11.1 所示。

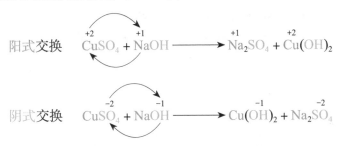

图11.1　硫酸铜与氢氧化钠反应时的阴式或阳式的交换

从图 11.1 中可知，硫酸铜与氢氧化钠的反应既可以看作是硫酸铜的"Cu"阳式跟氢氧化钠中的"Na"阳式交换，也可以看作是硫酸铜的

"SO₄" 阴式跟氢氧化钠中的 "OH" 阴式交换。由于交换后化合价保持不变且要遵守化合价代数和为零的原则，因此交换后阳式或阴式的角码可能会改变，如该反应中的 "Na" 和 "OH" 交换后角码都从 "1" 变为 "2"。

四大基本反应只能涵盖化学反应中的一部分，有些反应不属于四大基本反应中的任何一种，如以下冶炼铁的主要反应：

$$3CO + Fe_2O_3 \xrightarrow{\text{高温}} 2Fe + 3CO_2$$

既然以上反应不属于四大基本反应，那么它到底属于什么反应呢？

11.2 原子化合价变化与电子转移的关系

化合价是原子变形的粗略量化，化合价变化说明原子的变形状态发生了改变，原子变形状态的改变程度也可以近似用电子转移来描述。下面将以几种含有不同化合价的氮的纯净物为例来说明原子变形状态改变程度与电子转移的联系。

氮是化合价较多的元素之一，其化合价有 -3、0、$+1$、$+2$、$+3$、$+4$ 和 $+5$，对应的纯净物分别为 NH_3、N_2、N_2O、NO、N_2O_3、NO_2 和 HNO_3。化学中一般把正化合价当成正数，把负化合价当成负数，并以代数值来比较其大小，代数值越大化合价越高。因此，这7种纯净物的氮的化合价高低顺序为：$NH_3 < N_2 < N_2O < NO < N_2O_3 < NO_2 < HNO_3$。正化合价处于偏失电子状态，而负化合价处于偏得电子状态，因此正化合价越高其偏失的电子数越多，负化合价越低其偏得的电子数越多。当原子发生电子转移时（电子得失或电子对的偏移），其偏失或偏得电子的状态肯定发生改变，表现为化合价的改变。图11.2分别列出了 NH_3、NO 和 HNO_3 与其他含氮纯净物之间的转化及电子转移情况。

从图11.2中可以总结出化合价变化与电子转移之间的关系规律如下：

①原子化合价升高，原子偏失电子；原子化合价降低，原子偏得电子。化合价升高（降低），要么是原子从盈余（亏损）电子变为亏损（盈余）电子，要么是原子盈余电子数变少（多），要么是亏损电子变多（少），总体上是偏失（偏得）电子。

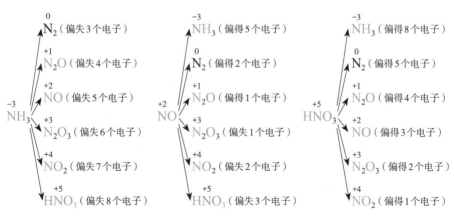

图11.2 NH_3、NO 和 HNO_3 与其他含氮纯净物之间的转化及电子转移情况

②原子化合价升高的绝对值等于其偏失电子数，原子化合价降低的绝对值等于其偏得电子数。如 NH_3 变为 NO，N 原子化合价从 -3 升高到 $+2$，升高值为 $|+2-(-3)|=5$，即 N 原子从盈余 3 个电子变为亏损 2 个电子，所以整个过程 N 原子偏失 5 个电子。同理不难理解，从 HNO_3 变为 NH_3 的过程 N 原子偏得 8 个电子。

注意：图11.2中的偏得或偏失的电子数是针对单个原子而言的，在实际计算中如果涉及的原子数不止 1 个，计算时还要乘上原子的个数。

例11.1：计算 1 个 I_2 分子转化为 2 个 HIO_3 分子过程中 I 原子的电子转移情况。

解：I_2 中 I 的化合价为 0，HIO_3 中 I 的化合价为 $+5$，I_2 转化为 HIO_3 过程中 I 原子化合价升高，故单个 I 原子偏失的电子数为 $+5-0=5$，1 个 I_2 分子含有 2 个 I 原子，故总偏失电子数为 10。

答：这一过程中 I 原子偏失 10 个电子。

🔬 11.3 氧化还原反应定义的发展

人们最早研究物质的燃烧现象发现，大多数燃烧属于物质与氧气发生的反应，如木炭、硫、磷、铁、氢气和甲烷等。人们把这类物质与氧气发生的反应称为氧化反应。对应地，物质分解得到氧气的反应相当于把氧气又还原出来，因此人们把物质分解得到氧气的反应称为还原反应，如氧化汞加热分解成汞和氧气的反应：$2HgO \xrightarrow{\triangle} 2Hg + O_2\uparrow$等。这是最早的氧化反应和还原反应的定义。

当元素概念被提出后，人们对反应中氧气变化的研究转向对氧元素变化的研究。通过研究一系列同类型反应，人们把氧化反应和还原反应进行了重新定义。规定：物质得到氧元素的反应称为氧化反应；物质失去氧元素的反应称为还原反应。如以下氢气还原氧化铜的反应：

$$H_2 + CuO \xrightarrow{\triangle} Cu + H_2O$$

以上反应中，H_2得到O元素变成H_2O，发生氧化反应；CuO失去O元素变成了Cu，发生还原反应。对于这样的反应，人们进一步发现：在反应中有物质失去氧元素，同时必有物质得到氧元素，亦即氧化反应与还原反应一定同时发生。从此以后，氧化反应与还原反应不再分开称谓，而是合在一起得到了一个新的反应类型：氧化还原反应。如前面提到的不属于四大基本反应中任何一种的反应"$3CO + Fe_2O_3 \xrightarrow{高温} 2Fe + 3CO_2$"就属于氧化还原反应。

当出现化合价的概念后，人们重新审视氧化还原反应发现，一般得氧的元素化合价会升高，如H_2变成H_2O、CO变成CO_2等。相反，失氧的元素化合价会降低，如CuO变成Cu、Fe_2O_3变成Fe等。这样氧化还原反应与化合阶的升降联系起来，规律为：化合价升高发生氧化反应；化合价降低发生还原反应。例如，在氢气还原氧化铜的反应中，H_2变成了H_2O，化合价升高，发生了氧化反应；CuO变成了Cu，化合价降低，发生了还原反应。此时氧化还原反应的定义还是跟氧元素的得失有关。后来人们又发现如下的反应：

（1）$2KI + H_2O_2 + H_2SO_4 =\!=\!= I_2 + K_2SO_4 + 2H_2O$

（2）$CH_4 + Cl_2 \xrightarrow{光照} CH_3Cl + HCl$

首先，上面两个反应都不属于四大基本反应；其次，反应（2）中H_2O_2失O变为H_2O，但找不到得O的物质。而反应（2）中根本就没有氧元素。如果只按照得氧失氧标准，这两种反应不属于氧化还原反应。然而，仔细观察以上两个反应中元素化合价的变化情况，反应（1）中，2KI变为

I_2，I 原子化合价从 –1 升高到 0，H_2O_2 变为 $2H_2O$，O 原子的化合价从 –1 降低到 –2（过氧酸根 O_2^{2-} 中氧原子的化合价为 –1，这是 O 原子特殊化合价之一）。同理可得，反应（2）中 C 元素的化合价从 –4 升高为 –2，而 Cl 元素化合价从 0 降低为 –1。如果把氧化反应和还原反应的定义分别从得氧和失氧扩大为元素化合价升高和降低，则以上两个反应也属于氧化还原反应。最终人们根据这个思路对氧化还原反应进行了目前最新的定义：有元素化合价变化的反应称为氧化还原反应。

以上即氧化还原反应定义的发展过程，了解该过程有助于我们更好地学习与理解氧化还原反应。

11.4　氧化还原反应与四大基本反应的关系

氧化还原反应的特征是有元素化合价的变化，分解反应的特征是"一变多"，两者虽然特征不同，但也有交叉的地方。如以下四个分解反应：

（1）$\overset{+1\ +4\,-2}{H_2CO_3} \xrightarrow{\triangle} \overset{+1\,-2}{H_2O} + \overset{+4\,-2}{CO_2}\uparrow$

（2）$\overset{+2\ +4\,-2}{CaCO_3} \xrightarrow{高温} \overset{+2\,-2}{CaO} + \overset{+4\,-2}{CO_2}\uparrow$

（3）$2\overset{+1\ -1}{H_2O_2} \xrightarrow{MnO_2} 2\overset{+1\,-2}{H_2O} + \overset{0}{O_2}\uparrow$

（4）$2\overset{+1\ +7\,-2}{KMnO_4} \xrightarrow{\triangle} \overset{+1\ +6\,-2}{K_2MnO_4} + \overset{+4\,-2}{MnO_2} + \overset{0}{O_2}\uparrow$

以上四个反应中，前两个元素的化合价没有变化，不属于氧化还原反应；后两个元素的化合价有变化，属于氧化还原反应。因此，氧化还原反应与分解反应之间存在部分交叉关系。

同样，可列举两个化合反应如下：

（1）$\overset{+1\ -2}{Na_2O} + \overset{+1\ -2}{H_2O} = 2\overset{+1\,-2\,+1}{NaOH}$

（2）$3\overset{0}{Fe} + 2\overset{0}{O_2} \xrightarrow{点燃} \overset{+\frac{8}{3}\ -2}{Fe_3O_4}$

以上反应（1）没有元素化合价变化，不属于氧化还原反应；反应（2）有元素化合价变化，属于氧化还原反应。因此，氧化还原反应与化合反应之间存在部分交叉关系。

置换反应的特征是"单质变化合物，化合物变单质"，由于同种原子在单质和化合物中化合价不同，因此置换反应肯定发生元素化合价变化，如以下两个反应：

（1）$\overset{0}{Cu} + 2\overset{+1\ -1}{AgNO_3} === \overset{+2\ -1}{Cu(NO_3)_2} + 2\overset{0}{Ag}$

　　（为了简便，[NO₃]作为拟原子进行化合价标注）

（2）$2\overset{0}{Na} + 2\overset{+1\ -2}{H_2O} === 2\overset{+1\ -2\ +1}{NaOH} + \overset{0}{H_2}\uparrow$

显然，以上两个反应都属于氧化还原反应。因此，氧化还原反应与置换反应存在包含关系，置换反应都属于氧化还原反应。

根据复分解反应的定义，两种化合物互相交换阳式或阴式组分并保持化合价不变，如酸碱中和反应等。因此，氧化还原反应与复分解反应的关系为互不隶属。

综上所述，氧化还原反应与四大基本反应的关系如图11.3所示。

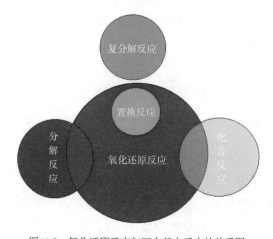

图11.3　氧化还原反应与四大基本反应的关系图

⚛ 11.5　氧化还原反应的电子转移表示

氧化还原反应的特征是元素化合价的变化，而原子化合价的变化跟电子转移有关。研究氧化还原反应的途径之一是找出其电子的转移情况并表示出来，通常表示方法有双线桥法和单线桥法。当用双线桥法或单线桥法表示氧化还原反应的电子转移时，必须把氧化还原反应看成一个微观单位反应。

11.5.1 双线桥法

双线桥法主要由两条带有箭头的线组成，一条指明化合价升高的方向及电子的转移情况，另一条指向化合价降低方向及电子转移的情况。例如，氢气还原氧化铜的反应的电子转移情况的双线桥法步骤如下：

①写出化学反应方程式，并把它当作一个微观单位反应。

$$H_2 + CuO \xrightarrow{\triangle} H_2O + Cu$$

以上微观单位反应的含义是 1 个 H_2 分子与 1 个 CuO 微元在加热的条件下生成 1 个 H_2O 分子和 1 个 Cu 微元的反应结果。

②观察方程左右两边相同原子的化合价，如有变化的则标注出来。

$$\overset{0}{H_2} + \overset{+2}{Cu}O \xrightarrow{\triangle} \overset{+1}{H_2}O + \overset{0}{Cu}$$

H_2 变 H_2O，氢原子的化合价从 0 变为 +1；CuO 变为 Cu，铜原子的化合价从 +2 降为 0。这些化合价要标注出来。

③把变化的化合价前后用带箭头的折线联系起来。

$$\overset{0}{H_2} + \overset{+2}{Cu}O \xrightarrow{\triangle} \overset{+1}{H_2}O + \overset{0}{Cu}$$

一般上面的折线指向化合价升高的方向，下面的折线指向化合价降低的方向。最好调整生成物的顺序以使上下两条折线产生交错。

④根据化合价的变化情况和涉及的原子数在折线的上方或下方标出转移的电子数。

$$\overset{\text{偏失}2\times1e^-}{\overset{0}{H_2} + \overset{+2}{Cu}O \xrightarrow{\triangle} \overset{+1}{H_2}O + \overset{0}{Cu}} \\ \text{偏得}1\times2e^-$$

上式中，H 原子的化合价升高，偏失电子。化合价由 0 升高为 +1，则每个 H 原子偏失 1 个电子，由于涉及的 H 原子有 2 个，因此，总的偏失电子数为 $2\times1e^-$。同理，Cu 原子总的偏得电子数为 $1\times2e^-$。在表示转移的电子时一般有两个数字，从左到右第1个为涉及的原子数，第2个为单个原子化合价变化偏得或偏失的电子数。注意：按本书的知识标准，电子转移用"偏失"或"偏得"表示，而常规教材用的是"失去"或"得到"来表示，虽然"偏失"或"偏得"更符合电子转移（电子得失或电子对的偏移）的实际情况，但做作业或考试时还是按教材标准进行答题。

双线桥法提供信息较丰富，包括原子化合价的变化情况、对应的电子转移数目。一条化合价升高的连线表示氧化反应，另一条化合价降低的连线表示还原反应。

11.5.2　单线桥法

双线桥法把电子的转移分成"偏失"和"偏得"两个方向来说明，"偏失"强调转移起点，而"偏得"强调转移终点。由于偏失的电子等于偏得的电子（电子守恒），因此可以把双线桥法中的两条线合并在一起就变成了单线桥法。如把前面氢气还原氧化铜反应的双线桥法合并后再简化就得到如下的单线桥法：

$$\overset{\overset{\displaystyle 2e^-}{\longrightarrow}}{H_2 + CuO} \overset{\triangle}{=\!=\!=} H_2O + Cu$$

以上单线桥法用一条带箭头的线把电子转移的起点原子（还原剂）与终点原子（氧化剂）连接起来，表明电子转移方向。在线上方标出转移电子数。单线桥法比较简洁，只在反应物范围内标记，强调电子的转移方向与数目，相比双线桥法提供信息较少。

11.6　氧化剂和还原剂

在氧化还原反应中，有元素化合价升高的反应物称为还原剂，起还原作用而本身被氧化，偏失电子；有元素化合价降低的反应物称为氧化剂，起氧化作用而本身被还原，偏得电子。例如，一氧化碳还原氧化铜的反应如下：

$$CO + CuO \overset{高温}{=\!=\!=} Cu + CO_2$$

以上反应中，CO中C元素的化合价升高，偏失电子，所以CO是还原剂，在反应中被氧化，氧化产物是CO_2；CuO中Cu元素的化合价降低，偏得电子，所以CuO是氧化剂，在反应中被还原，还原产物是Cu。

氧化剂、还原剂、被氧化、被还原、氧化产物和还原产物这些概念字面相似，初学者容易混淆，可利用图11.4中的跷跷板模型加以区分。

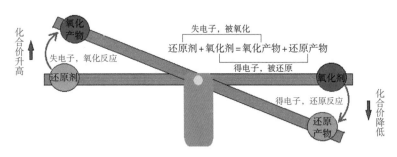

图11.4 氧化还原反应相关概念的跷跷板模型

图11.4中，水平的跷跷板表示反应前，跷起后表示反应后。升高的那一头表示化合价升高，联系还原剂、偏失电子、氧化反应和氧化产物等概念；降低那一头表示化合价降低，联系氧化剂、偏得电子、还原反应和还原产物等概念。跷跷板模型说明氧化和还原存在依存关系，相互作用。氧化剂通过氧化作用把还原剂的化合价变高，反过来，还原剂通过还原作用把氧化剂的化合价变低。就像甲乙两人玩跷跷板，当甲低乙高时，既可以说是甲把乙升高（氧化），也可以说是乙把甲放低（还原）。

为了便于记忆，该模型可总结为一个口诀：还原剂/升失氧/得氧化，氧化剂/降得还/得还原。意思是，还原剂，化合价升高，偏失电子，发生氧化反应，得到氧化产物；氧化剂，化合价降低，偏得电子，发生还原反应，得到还原产物。

⚛ 11.7 电子守恒法——氧化还原反应的配平

前面讲过化学方程式的配平方法主要有观察法、最小公倍数法和待定系数法，这三种方法虽然适用于氧化还原反应的配平，但氧化还原反应有着效率较高的专门配平方法——电子守恒法。电子守恒法指的是氧化还原反应中原子的总偏失电子数等于其总偏得电子数。下面将以铜与稀硝酸反应生成硝酸铜、一氧化氮和水的反应为例，介绍电子守恒法的配平过程。

①写出定性化学方程式。

$$Cu + HNO_3 \longrightarrow Cu(NO_3)_2 + NO\uparrow + H_2O$$

②观察各原子化合价，有化合价变化的原子用带箭头折线标出其化合价的升降方向。

$$\overset{0}{Cu} + \overset{+5}{HNO_3} \longrightarrow \overset{+2}{Cu}(NO_3)_2 + \overset{+2}{NO}\uparrow + H_2O$$

③根据化合价的变化标出原子偏失或偏得的电子数。当左右同种原子数不相等时，按原子数最多的来计算偏失或偏得的电子数。

偏失 2e⁻
$$\overset{0}{Cu} + \overset{+5}{HNO_3} \longrightarrow \overset{+2}{Cu}(NO_3)_2 + \overset{+2}{NO}\uparrow + H_2O$$
偏得 3e⁻

上式中，化合价升高或降低的原子左右两边都是1个，因此偏失或偏得的电子数按1个原子来计算。

④观察偏失电子和偏得电子是否相等（电子守恒），如相等则不需要动，如不相等可利用最小公倍数法让其相等。

偏失 3×2e⁻
$$\overset{0}{Cu} + \overset{+5}{HNO_3} \longrightarrow \overset{+2}{Cu}(NO_3)_2 + \overset{+2}{NO}\uparrow + H_2O$$
偏得 2×3e⁻

偏失电子数为2，偏得电子数为3，两者最小公倍数为6，因此前者要乘3，后者要乘2，以达到偏失电子总数等于偏得电子总数。

⑤根据偏失和偏得的电子总数逐步确定化学计量数，得到最终配平好的化学方程式。

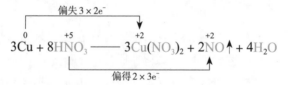

偏失 3×2e⁻
$$3\overset{0}{Cu} + 8\overset{+5}{HNO_3} \longrightarrow 3\overset{+2}{Cu}(NO_3)_2 + 2\overset{+2}{NO}\uparrow + 4H_2O$$
偏得 2×3e⁻

在逐步确定化学计量数过程中，顺序很重要，一般选择化合价变化较单一的原子来确定。如以上方程式中，0价的Cu全部转变为+2价的Cu，同样，+2价的N也是全部从+5价的N转变来的，这两种原子可先确定。但+5价的N一部分变为+2价的N，一部分化合价没有改变，因此+5价的N后确定。所以化学计量数的确定顺序为：①根据偏失电子总数确定Cu与Cu(NO₃)₂的化学计量数分别为3和3；②根据偏得电子总数确定NO的化学计量数为2；③根据N原子守恒确定HNO₃的计量数为8；④最后根据H原子守恒确定H₂O的计量数为4，并检查左右两边每种原子个数是否相等。

鉴于氧化还原反应的多样性，电子守恒法配平氧化还原反应的策略也变得丰富，这里不再一一介绍，将来你在高中继续学习化学时会慢慢体会。

⚛ 11.8 生活中的氧化还原反应

氧化还原反应在生活中很常见，如食物的腐烂、铁的生锈、切开苹果变褐色、鞭炮的爆炸、化石燃烧的燃烧、电池的工作和氨的合成等（见图11.5）。

图11.5 生活中氧化还原反应

有些氧化还原反应是有利的，如化石的燃烧可以提供多种形式的能量、氨的合成可以让人类不再遭受饥饿之苦、电池的工作可以让我们随时随地不受时间限制地用手机进行联系等；有些氧化还原反应是不利的，如食物的腐烂会造成浪费、铁的生锈会损坏铁制品甚至带来安全隐患、工厂爆炸给人们生命财产带来不可估量的损失等。因此，我们学习氧化还原反应的目的是更好地利用它，发扬其有利的一面，而抑制其不利的一面，最终让化学更好地为人类创造美好生活。

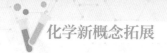

自我检测十一

一、判断题

1. 所有化学反应都属于四大基本反应中的一种。　　　　（　　）

2. 可能存在只有元素化合价升高，而没有元素化合价降低的氧化还原反应。　　　　（　　）

3. 所有的置换反应都属于氧化还原反应。　　　　（　　）

4. 如果反应中某原子化合价降低，则该原子偏失电子。　　（　　）

5. 氧化还原反应中原子偏失电子总数一定等于偏得电子总数。（　　）

6. 双线桥法比单线桥法提供的信息更多，但没有单线桥法简洁。（　　）

7. 在氧化还原反应中，氧化剂被氧化而得到氧化产物。　　（　　）

8. 所有氧化还原反应都是有利的。　　　　（　　）

二、选择题

1. 2个HNO_3分子变为1个N_2O分子，则电子转移情况为　　（　　）

  A. 偏得4个电子   B. 偏得8个电子

  C. 偏失4个电子   D. 偏失8个电子

2. H_2O_2的分解反应为$2H_2O_2 \xrightarrow{MnO_2} 2H_2O + O_2\uparrow$，则下列说法正确的是（　　）

  A. H_2O_2只是氧化剂   B. O_2是还原产物

  C. H_2O_2同时发生氧化和还原反应   D. 微观单位反应转移的电子数为1

3. 下列获得NO的途径中，不合理的是　　　　（　　）

  A. 用还原剂还原HNO_3 B. 用氧化剂氧化N_2O

  C. 用还原剂还原NO_2 D. 用还原剂还原NH_3

三、电子转移表示

分别用双线桥法和单线桥法表示下列反应的电子转移：

（1）$Fe_2O_3 + 3CO \xrightarrow{高温} 2Fe + 3CO_2$

双线桥：

单线桥：

（2）$3NO_2 + H_2O \Longrightarrow 2HNO_3 + NO$

双线桥：

单线桥：

四、氧化还原方程式的配平

在下列氧化还原方程式中物质前面的方框里填入正确的化学计量数：

（1）□KI + □Cl_2 $\Longrightarrow$ □KCl + □I_2

（2）□C + □SiO_2 $\overset{高温}{=\!=\!=}$ □Si + □CO

（3）□MnO_2 + □HCl(浓) $\overset{\triangle}{=\!=\!=}$ □$MnCl_2$ + □Cl_2 + □H_2O

（4）□SO_2 + □$KMnO_4$ + □H_2O $\Longrightarrow$ □$MnSO_4$ + □K_2SO_4 + □H_2SO_4

第12章
认识物质的微观层次

化学是在分子、原子微观层次上研究物质组成、结构、性质、应用及相互转化的科学，学好化学要求学生具备良好的微观化学素养。不过微观化学知识的理论性、系统性和逻辑性较强，既抽象又枯燥，考虑到学生的接受能力，在中学阶段只是作为其他知识的辅助进行穿插介绍，没有形成一个稳定的知识发展主线，因此中学的微观化学知识比较零散。

要想把中学阶段学习的零散的微观化学知识整理成稳定的知识结构，可以按认知层次对这些知识进行分类。从初中到高中，中学阶段的微观化学知识从简单到复杂可以梳理为以下几个层次。

12.1 第一微观层次：物质的微观构成

在化学范畴里研究某种物质时，人们首先想知道构成该物质的原子种类及其不同种类原子的个数比。当了解这些信息后，该物质就可以用一个初始化学式来表征。这是认识物质必经的第一个层次。如对于生活中常见的水和盐这两种物质，人们通过研究发现，水的构成原子是 O 原子和 H 原子，两者比例为 2∶1，就可以用化学式 H_2O 表示；同理，盐由 Na 原子和 Cl 原子按 1∶1 个数比构成，因此可以用化学式 $NaCl$ 来表示。物质在第一微观层次可以用球模型来表示，球模型只展示原子的种类与个数比，忽略原子之间的作用力，其中，球代表原子，用颜色和大小来区分。H_2O 和 $NaCl$ 的球模型如图 12.1 所示。

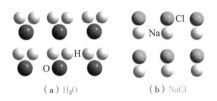

（a）H_2O （b）NaCl

图12.1 H_2O 和 NaCl 的球模型

从图 12.1 可清楚知道，H_2O 和 NaCl 这两种物质各由哪几种原子构成，它们的个数比是多少。

总的来说，在这个层次，对物质的认识停留在物质的微观构成，即它含有哪些原子，它们的个数比例为多少。

12.2 第二微观层次：物质内部原子的聚集力

一个个原子很小，肉眼看不见，但大量的原子聚集在一起就形成了宏观上可观察的物质。原子能聚集在一起，说明它们之间存在可以把它们束缚在一定范围里的力，这种力称为聚集力，也称结合力。

人们通过研究发现，水中的 1 个 O 原子和 2 个 H 原子之间通过较强一级聚集力形成了水分子（见图 12.2），大量的水分子再通过二级聚集力（分子间作用力）形成水这种物质（见图 12.3）。

红色球代表 O 原子
灰色球代表 H 原子
棍子代表原子间较强一级聚集力（共价键）

图12.2 H_2O 分子的球棍模型

（a）微观上的水（无数的水分子通过较弱的分子间作用力聚集在一起）

（b）宏观上的水

图12.3 水的微观结构与宏观形态

147

人们通过研究更多物质的微观结构发现，绝大多数物质都是通过原子的聚集而形成的，原子聚集的情况主要分为两种：①只有一级聚集力（化学键）；②既有一级聚集力（化学键），又有二级聚集力（非化学键）。例如，金刚石是C原子通过较强的一级聚集力（共价键）聚集在一起而形成的，所有C原子被较强的共价键作用力束缚在固定的区域，而且该聚集力难以被破坏，故金刚石是具有较高的熔沸点和硬度的固体；而水这种物质首先由1个O原子和2个H原子通过一级聚集力（共价键）聚集成一个稳定的 H_2O 分子，无数个 H_2O 分子通过较弱的二级聚集力（分子间作用力）聚集成宏观上可观察的水。由于二级聚集力很弱，不能把分子束缚在固定的区域里，而且容易被破坏使原来聚集在一起的分子相互分离，因此水是无定形的液体，具有熔沸点低和容易蒸发等物理性质。

"结构决定性质"，从力的角度来解释即物质内部聚集力的结构决定了物质的物理和化学性质。随着学习的深入，你将愈加理解这种物质内部的微观力对其宏观性质的决定作用。

H_2O 既是水的化学式，也是水的分子式，但两者的含义不一样。水的化学式是 H_2O，这属于第一微观层次，含义是水这种物质在微观上是由H原子和O原子以 2 : 1 的比例构成的；水的分子式是 H_2O，这属于第二微观层次，含义是水是分子型化合物，1个O原子和2个H原子以较强的一级聚集力形成1个稳定的水分子，无数的水分子通过二级聚集力形成宏观上的水。因此，在使用化学式和分子式概念时，一定要注意区分。例如，常用作干燥剂的五氧化二磷这种物质，化学式是 P_2O_5，但分子式却是 P_4O_{10}。这说明当使用化学式概念时，我们只要确保化学式中原子的比例符合事实即可，所以化学式的角码通常是最简比；但当使用分子式概念时，首先必须确认该物质是分子型纯净物，其次分子式中的元素符号的角码与实际分子中相应的元素原子的个数一致，所以分子式中的角码不一定符合最简比，如 S_8（单斜硫）、P_4（白磷）、C_{60}（足球烯）、P_4O_6（三氧化二磷）、C_2H_4（乙烯）、C_6H_6（苯）和 $C_6H_{12}O_6$（葡萄糖）等。

⚛ 12.3　第三微观层次：固态物质内部原子（原子团）的排列规律

物质处于气态和液体时，无固定形状，其微观粒子［原子（原子团）或分子］的排列是无序且可变的；而当物质处于固态时，其内部的微观粒子的排列是有序且固定的。认识物质内部微观粒子排列的有序性属于第三微观层次。人们通过研究物质内部微观粒子排列规律了解其结构，根据结构来预测其性质。

氯化钠和干冰（固体二氧化碳）是生活中常见物质，它们内部的微观粒子排列规律如图12.4所示。

图12.4的结构是分别从巨大的氯化钠和干冰的微观结构中划分出来可以代表微观粒子排列规律的结构，称为晶胞。氯化钠晶胞中，做排列的微观粒子是 Na^+ 和 Cl^-，它们的排列规律是：每个 Na^+ 前后、左右、上下一共有6个离它最近且距离相等的 Cl^-；同样，每个 Cl^- 前后、左右、上下一共有6个离它最近且距离相等的 Na^+。干冰晶胞中，做排列的微观粒子是直线型的 CO_2 分子，它的排列规律是：每个 CO_2 分子周围有12个离它最近且距离相等的 CO_2 分子。物质内部微观粒子的排列规律宏观上不能直接观测，因此科学家一般要通过X射线衍射、电子衍射和中子衍射等先进实验技术来获得物质内部微观粒子的排列情况。

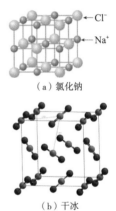

（a）氯化钠

（b）干冰

图12.4　氯化钠和干冰中微观粒子的排列规律

物质内部微观粒子的排列规律复杂且多样化，想要理解与掌握它，不但需要化学知识而且需要空间立体几何知识，相对抽象与深奥，系统的学习要到大学阶段才开始，中学阶段只是在高中初步接触它，了解一些简单晶体中的微观粒子排列规律。

虽然认识物质三个微观层次只是微观化学学习的三个视野，而且每个层次都会衍生出多种化学知识，但具备了这样的视野，有助于我们对微观化学知识的建构，有利于我们形成一个稳定的微观化学知识系统。

自我检测十二

一、判断下列对物质的认知属于第几微观层次，并填写在相应的括号里。

1. 氧化镁是由大量的氧离子（O^{2-}）和镁离子（Mg^{2+}）通过较强一级聚集力（离子键）聚集而形成的。　　　　　第（　）微观层次

2. 纯净石英由氧和硅两种元素组成。　　　　　第（　）微观层次

3. 金属镁的微观结构中，镁原子的排列规律为：每个镁原子周围最近且距离相等的镁原子有12个。　　　　　第（　）微观层次

4. 二氧化碳中有两种聚集力，单个CO_2分子内部为一级聚集力共价键，相邻的不同CO_2分子间为二级聚集力（范德华力）。　　　第（　）微观层次

5. 金刚石的微观结构中，碳原子的排列规律如下图所示：

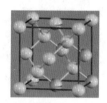

每个碳原子周围最近且距离相等的C原子有4个，这4个C原子构成一个正四面体。　　　　　第（　）微观层次

二、钠金属中钠原子的排列规律为：每个钠原子周围最近且距离相等的钠原子有8个，则根据该规律判断下面哪个是钠金属的微观结构，并在相应的括号里打"√"。

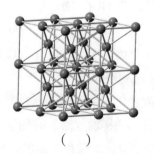
（　）

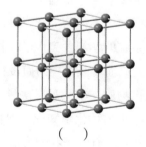
（　）

参考答案及解析

自我检测一

一、判断题

1. √。"原子"这一名称首先是由德谟克利特提出的，因此人们称他为"原子之父"。

2. ×。原子只是化学变化中最小的微观粒子，不是自然界中最小的微观粒子。原子还可以分为质子、中子和电子这些更小的微观粒子。

3. ×。一种原子可以构成多种物质，如C原子可以构成金刚石或石墨，O原子可以构成O_2或O_3（臭氧）等。

4. √。化学变化的特征是生成新物质，新物质即原子的重组。

5. ×。该反应为物理变化，没有生成新物质，水分子保持不变，原子没有发生重组。

自我检测二

一、判断题

1. ×。H原子中就不含有中子。

2. √。玻尔原子模型虽然师从其老师卢瑟福的"行星绕太阳"模型，但其进步之处是首先提出了"定态"的概念。

3. ×。本书中对电子云的理解方式是，把它当成瞬间内出现在不同位置的同一电子的虚像叠加，不是大量电子的聚集。此外，一个个白点只是电子的虚像，不是真正的电子，把它理解为电子曾出现过的位置更好。

4. √。电子云形状不止一种，有球形、哑铃形和花瓣形等。

5. ×。原子大小指的是以原子核为球心的一个球形区域，在这个区域里电子出现的概率达到90%或其他更高的值。通常以这个球形区域的半径来表示原子的大小。

二、选择题

1. A。汤姆生发现了电子，查德维克发现了中子，卢瑟福发现了原子核与质子，玻尔提出了更先进的原子模型，即"玻尔模型"。

2.D。电子云式画像是原子的现代画像。

3.C。只有C的原子大小是从左往右递减的。

自我检测三

一、判断题

1.√。原子家族的主基因是原子的核电荷数或质子数，次基因是其中子数。

2.×。质子数决定原子家族种类，中子数决定家族派别，同一原子家族中不同族派的原子的中子数不同。

3.×。人体中含量最多的元素是氧元素。

4.√。人体缺少铁元素会造成缺铁性贫血,治疗主要以补铁为主。

5.×。有相当一部分原子家族的不同族派的规模差别很大，有的族派占90%以上，有的接近于0。

二、选择题

1.B。它们质子数相同，属于同一原子家族，但它们中子数不同，属于不同族派。

2.D。铁元素是微量元素，其他的都是常量元素。

三、连一连，请把以下等同的概念用直线连起来

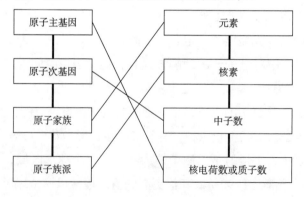

自我检测四

一、判断题

1.×。虽然电子层画在纸上像个圆环，实际上它表示的是一个有厚度

的球壳。

2.×。如果电子层序号为n，则其最多填充的电子数目为$2n^2$，M层的序号为3，故最多填充的电子数目为18。

3.√。按本书的规定，p电子亚层的级数l为1。

4.×。电子亚层p里的电子云的伸展方向有3种。

5.√。原子核外每个电子的运动状态是独一无二的，不存在运动状态完全相同的两个电子。

二、填空题

1. 。

2.2。第2个电子层$n=2$，电子亚层级数l为0和1，相当于s和p电子亚层，所以有2个电子亚层。

3.3d。

4.<，<。同一电子亚层，所在电子层序号越大，能量越高；同一电子层，电子亚层的级数越大，能量越高。

5.

表4.3　核电荷数为1~18的原子的核外电子排布式

核电荷数	元素符号	原子核外电子排布式	核电荷数	元素符号	原子核外电子排布式
1	H	$1s^1$	10	Ne	$1s^22s^22p^6$
2	He	$1s^2$	11	Na	$1s^22s^22p^63s^1$
3	Li	$1s^22s^1$	12	Mg	$1s^22s^22p^63s^2$
4	Be	$1s^22s^2$	13	Al	$1s^22s^22p^63s^23p^1$
5	B	$1s^22s^22p^1$	14	Si	$1s^22s^22p^63s^23p^2$
6	C	$1s^22s^22p^2$	15	P	$1s^22s^22p^63s^23p^3$
7	N	$1s^22s^22p^3$	16	S	$1s^22s^22p^63s^23p^4$
8	O	$1s^22s^22p^4$	17	Cl	$1s^22s^22p^63s^23p^5$
9	F	$1s^22s^22p^5$	18	Ar	$1s^22s^22p^63s^23p^6$

三、选择题

1. C。第1、2、3、4、5、6、7电子层对应的名称为K、L、M、N、O、P和Q电子层。

2. D。第2电子层$n=2$，电子亚层的级数l为0和1，因此只存在2s和2p，不存在2d电子亚层。

3. D。f电子亚层的l为3，$4l+2=14$。

4. D。原子核外电子轨道排布图是原子最精细的结构。

5. B。图中很明显，该电子是在M层的p电子亚层，且自旋朝下。

自我检测五

一、判断题

1. ×。金刚石与石墨的混合物都是由碳元素组成的，但它不是纯净物。

2. ×。分子球棍模型只是人们想象出来的一种科学模型，不是分子的真实长相。

3. √。根据球棍模型的定义，棍子代表相邻原子间较强的作用力。

4. ×。分子可以看成是原子小集体，因此分子聚集相当于原子小集体的聚集，也算原子聚集。

5. √。一般纯净物的一级聚集力为较强的离子键、共价键和金属键，而二级聚集力为较弱的分子间作用力，因此一级聚集力一般比二级聚集力强。

6. ×。不一定，如常温常压水银呈液态，但它属于金属型物质，而不属于分子型纯净物。

7. ×。大多数纯净物的一级聚集是微聚集，但少量的纯净物的微聚集是宏聚集，如石墨的一级聚焦是宏聚集。数目巨大的C原子通过一级聚集力形成了宏观的石墨层。

8. √。化学反应是旧物质转变为新物质的过程，在这一过程中，旧物质因原子分离而消失，新物质因原子聚集而形成。

9. ×。原子团相当于拟原子，在纯净物中与其他原子或拟原子之间存在较强的作用力而被束缚住，不能像分子一样具有相对的独立性和自由性。

10. √。在某些条件下，纯净物中的原子团是可以独立出来形成离子的，如后面第9章中讲的化合物在水中的电离。

二、填空题

1.

表5.3　几种物质的物理性质

物质名称	物质外观	物理性质	是否为分子型纯净物	理由
金刚石		常温下为固态，熔点约3550℃，硬度很大，不导电	否	熔点太高
石墨		常温下为固态，熔点约3675℃，质软，可导电	否	熔点太高
白磷		常温下为固态，易自燃，熔点约44.1℃，硬度较小，不导电	是	熔点较低
单斜硫		常温下为固态，易升华，熔点约112.8℃，硬度较小，不导电	是	熔点较低

　　熔点低是判断分子型纯净物的标准，除了一些特殊情况，大多数时候是准确的。

　　2.（a）<（c）<（b）。不同纯净物的分子间作用力，一般气体小于液体，液体小于固体。

　　3.

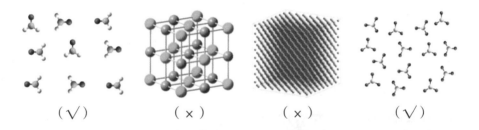

（√）　　　　（×）　　　　（×）　　　　（√）

　　分子型纯净物的微观结构球棍模型能看出一个个独立的分子，而非分子型纯净物的看不到一个个独立的分子，而是大量的原子通过较强作用力（棍子）连接成一个紧密的整体。

　　4.（a）碳酸根；（b）硫酸根；（c）铵根；（d）碳酸氢根

　　三、选择题

　　1. C。盐为非分子型纯净物，只存在一级聚集力离子键，其他三种为分子型纯净物，既存在一级聚集力，又存在二级聚集力。

　　2. D。氢键属于分子间作用力，属于二级聚集力。

　　3. C。难熔化说明熔点较高，最有可能不属于分子型纯净物。

　　4. D。在相同大气压下，水的温度越低，其分子间作用力越强。

　　5. D。高锰酸根原子团 $[MnO_4]$ 由 Mn 和 O 两种原子构成，独立时为 MnO_4^-，带 1 个负电荷，其几何形状为正四面体。MnO_4^- 中 Mn 与 O 之间的作用力很强，不属于二级聚集力。

自我检测六

　　一、判断题

　　1. √。这是化学式的定义。

　　2. ×。微元是研究问题的方便而人为提出来的虚拟微粒，只有内容意义，没有结构意义，不是真实独立存在的微观粒子。

　　3. √。这是为了方便国际交流的唯一选择。

　　4. ×。分子才是保持分子型纯净物化学性质的最小粒子。

　　5. √。它们约化后的实验式都是 CH。

　　6. √。P 可以表示磷的多种同素异形体，而具体的白磷的分子式只能是 P_4，不管是 P 还是 P_4 都是化学式。

　　7. ×。由于纯净物中原子的个数比是固定的，因此用不同化学式表示同一纯净物时，其表示的不同微元中原子的个数比一定相同。如三氧化二磷的微元可以是 P_2O_3 和 P_4O_6，其中 P 原子、O 原子的比例都是 2：3。

　　二、填空题

　　1.（1）表示锰酸钾这种物质；（2）锰酸钾由钾、锰和氧三种元素组成；（3）锰酸钾由钾原子、锰原子和氧原子按 2：1：4 的比例构成；（4）表示 1

个锰酸钾微元。

2.（1）4个红磷微元；（2）3个氯酸钾微元；（3）2个二氧化锰微元；（4）5个氯化氢微元（分子）。

3. $C_6H_8O_6$。

三、选择题

1. C。实验式是分子式的约化，不可能表示分子，只能表示微元。

2. C。通过题干信息可知，该纯净物的分子式为 C_4H_8，实验式为 CH_2，因此 A 和 B 是错的。$4CH_2$ 表示 4 个 CH_2 微元，D 也错。分子式 C_4H_8 是化学式的一种，可以把它理解为化学式，因此 $3C_4H_8$ 表示 3 个 C_4H_8 微元，所以 C 正确。

3. D。五氧化二磷和十氧化四磷是同一物质的不同名称，一个是按实验式命名，一个是按分子式命名。P_2O_5 和 P_4O_{10} 都是这种物质的化学式，因此 A 和 B 是正确的。这种物质不管如何称呼，其分子式恒为 P_4O_{10}，实验式恒为 P_2O_5，所以 C 对而 D 错。

自我检测七

一、判断题

1. ×。元素原子一般是多种核素原子的总称，它可以分为多种核素原子。

2. √。核素原子是一类具有确定质子数和中子数的原子。

3. ×。不是 C 原子质量的 $\frac{1}{12}$，而是 ${}_6^{12}C$ 原子质量的 $\frac{1}{12}$，说是 C 原子不够具体。

4. ×。阿伏伽德罗数值 N_A^* 的最新精确值是 $6.02214076 \times 10^{23}$，常用近似值是 6.02×10^{23}。

5. √。1 个 P_4 分子含有 4 个 P 原子，4 个 P 微元的内容也是 4 个 P 原子，因此两者内容相同。

二、选择题

1. C。N_A^* 是在数值上等于标准质量 $m_{标准}$ 的倒数，而不是两者直接等价，A 错。B 中应该是 $12g$ ${}_6^{12}C$ 原子集合体，而不是 $12g$ C 原子集合体，所以 B 也错。$16g$ 的 O_2 含有 O_2 分子个数为 $0.5N_A^*$，所以 D 也错。如果已知某种微观粒子的相对质量，根据其集合体个数可以计算集合体质量或反过来根据集合体质量计算集合体个数，而 N_A^* 是这两种计算的桥梁，所以 C 正确。

2. C。由于在内容上 1 个 C_2H_4 分子相当于 2 个 CH_2 微元，因此一定质量的乙烯含有 C_2H_4 分子个数是 CH_2 微元的一半，因此 A 错而 C 对。微元只有内容意义而无结构意义，5.6g 的乙烯中含有 $0.4N_A^*$ 个 CH_2 微元，因此 B 和 D 也是错的。

三、计算题

1. 解：（1）铜元素的相对原子质量 $=62.9296 \times 0.6917 + 64.9298 \times 0.3083 = 63.546262 \approx 63.55$

（2）铜元素的近似相对原子质量 $=63 \times 0.6917 + 65 \times 0.3083 = 63.6166 \approx 63.62$

2. 解：设该物质的化学式为 Fe_xO_y，x 和 y 为最简比整数。根据已知条件得以下方程：

$$\frac{56x}{56x+16y} = 0.7$$

解得，$2y=3x$，符合最简比的 x 和 y 分别为 2 和 3，所以该物质的化学式为 Fe_2O_3。

3. 解：（1）根据式（7.5）得

$$N\left(Fe_3O_4\right) = \frac{m\left(Fe_3O_4\right)g}{M_r\left(Fe_3O_4\right)g} N_A^* = \frac{5.8g}{(56 \times 3 + 16 \times 4)g} N_A^* = 0.025 N_A^*$$

（2）由于 1 个 Fe_3O_4 微元含有 3 个 Fe 原子和 4 个 O 原子，所以这些四氧化三铁含有 Fe 原子和 O 原子个数分别为 $0.075 N_A^*$ 和 $0.1 N_A^*$。

自我检测八

一、判断题

1. √。这是两种独立原子变稳定的途径。

2. ×。不是所有原子的最外层最稳定电子数都为 8，如 H 和 He 原子的最外层最稳定电子数是 2。

3. √。Cl 原子最外层有 7 个电子，一般通过得到 1 个电子（如 NaCl）或共用 1 对电子（如 HCl）达到最外层最稳定电子数 8。

4. ×。O 原子最外层电子为 6，可以通过得到 2 个电子或共用 2 对电子

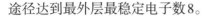

途径达到最外层最稳定电子数8。

5. ×。分子的结构式不能表示分子的几何形状，只有球棍模型才可以表示分子的几何形状。

6. √。这是本书对化合价的新定义。

7. ×。原子的变形主要指原子外层电子的电子云相对独立存在时的变化。

8. √。NaH中H原子的化合价为–1，说明其发生偏得1个电子的变形。

9. ×。SO_4^{2-}是拟原子，但它的化合价为–2，而不是2–。

10. ×。单质的化合价都为零，但是单质中原子不是独立存在的原子，周围有多个同种原子对它施予影响而使其变形。

二、选择题

1. D。Cl_2中两个Cl原子的最外层电子数都是7，可以通过共用1对电子而使双方都达到最外层最稳定电子数8。

2. C。C原子最外层为4个电子，要共用4对电子达到最外层最稳定电子数8；Cl原子最外层为7个电子，要共用1对电子达到最外层最稳定结构。四个选项中只有C符合要求。

3. D。Na_2SO_4中Na原子或$[SO_4]$都是离子型变形，$[SO_4]$内部的S和O是共价型变形，因此D错误。

4. C。K、O和$[MnO_4]$的化合价分别为+1、–2和–1，所以K偏失1个电子，O偏得2个电子，$[MnO_4]$偏得1个电子。原子（拟原子）的化合价代数和为0。只有C是正确的。

5. C。P的最外层电子数为5，要共用3对电子达到最外层最稳定电子数8，但PCl_5中P与Cl总共共用了5对电子，所以其最外层电子数不可能是8。

三、简答题

1. 答：Si的化合价为+4，且发生共价变形，则有4个电子偏离它；F的化合价为–1，且发生共价变形，则有1个电子偏向它。

2. 答：所有O原子都与相邻原子总共共用2对电子，且都偏向它，故所有O原子的化合价都为–2；所有H原子都与O原子总共共用1对电子，且都偏离它，故所有H原子的化合价都为+1；所有S原子都与O原子总共共用5对电子，而且都偏离它，跟另一个S原子共用1对电子，不发生偏离，故所有S原子的化合价都为+5。

3. 答：（1）钴元素的化合价为 +8/3。设钴元素的化合价为 x，根据化合价代数和为 0 得 $3x+(-2)\times4=0$，解得 $x=8/3$；（2）有 1 个 Co 原子的化合价是 +2，有 2 个 Co 原子的化合价是 +3。设 +2 价的钴原子个数为 x，则 +3 价的钴原子个数为 $3-x$，根据化合价代数和为 0 得 $2x+3(3-x)+(-2)\times4=0$，解得 $x=1$。

4. 　$\begin{array}{c} O \\ \parallel \\ H-C-H \end{array}$　。颜色相同的电子是属于同一原子的，因此可根据电子的个数分别确定中间原子为 C，左右两边原子为 H，上面原子为 O。从图中可知，C 与 O 共用 2 对电子，C 跟每个 H 共用 1 对电子，故该分子的结构式如答案所示，所有原子都满足最外层最稳定电子数。

自我检测九

一、判断题

1. √。Na 呈正的化合价，是阳式；[HCO₃] 呈负的化合价，是阴式。

2. ×。乙醇在水中只是溶解，没有电离，不能增加水的导电性。

3. ×。应该是电离出来的全部阳离子是 H^+ 的化合物才是酸，如 $NaHSO_4$ 也能电离出 H^+，但它是盐不是酸。

4. ×。电离不需要通电，而是电解质在水中水分子的作用下分离的过程。

5. ×。氯化钠无二级聚集力，被破坏的是一级聚集力离子键，属于物理破坏。

6. ×。氯化氢在水中完全电离，不存在 HCl 分子。

7. √。多元弱酸逐级电离后，其阴离子所带的负电荷越多，对 H 原子的束缚越强，H 原子越难电离。

8. √。电解质的强弱只跟溶解的部分是否完全电离有关，跟其饱和溶液的导电性无关。

9. ×。在水中 1 个酸分子最多电离出几个 H^+，就是几元酸，而有些酸中的 H 原子是不能电离的，如次磷酸 H_3PO_2 中有 3 个 H 原子，但 1 个 H_3PO_2 分子最多只能电离出 1 个 H^+，属于一元酸。H_3PO_2 的阴阳化学式如果改写为 HH_2PO_2 则更能体现它的性质，该化学式表明只有红色的 H 原子才能电

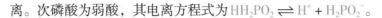

离。次磷酸为弱酸，其电离方程式为 $HH_2PO_2 \rightleftharpoons H^+ + H_2PO_2^-$。

10. √。该过程有新物质生成，属于一级聚集力的化学破坏，因此为化学分离。

二、填空题

1.（1）①④⑤；（2）②③⑥⑦⑧⑨⑩；（3）③⑥⑧⑩；（4）②⑦⑨；（5）①④⑤。除了金属单质、电解质溶液、熔融的电解质和石墨等特殊非金属单质，大多数物质在常态下是不导电的。电解质必须是化合物，而且在水溶液或熔融状态下能导电，酸、碱、绝大多数盐和活泼金属的氧化物是电解质。在水溶液或熔融状态下都不能导电的化合物称为非电解质，非金属氧化物和大多数有机物属于非电解质。单质或混合物既不属于电解质也不属于非电解质。

2.（1）非电解质；因为它熔融状态不导电，在水中不电离。（2）弱电解质；因为在水中它部分电离。（3）强电解质；因为它溶解的部分发生完全电离。

三、选择题

1. A。K的化合价为正，是阳式；$[Cr_2O_7]$ 的化合价为负，是阴式。根据化合价代数和为零规则，K与 $[Cr_2O_7]$ 比例为 2：1，综上 A 是正确的。

2. C。1个 $Fe_2(NO_3)_3$ 微元可以电离出 3 个 NO_3^-，所以 $0.3N_A^*$ 个 $Fe_2(NO_3)_3$ 微元可以电离出 $0.9N_A^*$ 个 NO_3^-，C 正确。

3. A。Al_2O_3 不溶于水，不与水反应，它属于电解质的本质原因是它在熔融状态下能导电，A 正确。

4. B。硫酸氢钠属于无机化合物中的盐，在水中能完全电离，它能与氢氧化钠反应，但不是中和反应。B 正确。

5. D。前三种都属于纯净物的物理分离，只有最后一种属于化学分离，因为该过程有新物质生成。

四、书写电离方程式

（1）$HClO_4 = H^+ + ClO_4^-$；（2）$HF \rightleftharpoons H^+ + F^-$；（3）$KOH = K^+ + OH^-$

（4）$NH_3 \cdot H_2O \rightleftharpoons NH_4^+ + OH^-$；（5）$BaCO_3(aq) = Ba^{2+} + CO_3^{2-}$。强酸强碱完全电离，弱酸弱碱部分电离，难溶盐溶解部分（用"aq"表示）也完全电离。完全电离用"="号，部分电离用"$\rightleftharpoons$"号。

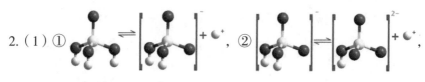

2.（1）①~③

①$H_3PO_4 \rightleftharpoons H^+ + H_2PO_4^-$，②$H_2PO_4^- \rightleftharpoons H^+ + HPO_4^{2-}$，
③$HPO_4^{2-} \rightleftharpoons H^+ + PO_4^{3-}$。

（2）①②

①$H_3PO_3 \rightleftharpoons H^+ + H_2PO_3^-$，②$H_2PO_3^- \rightleftharpoons H^+ + HPO_3^{2-}$。

（3）   ；$H_3PO_2 \rightleftharpoons H^+ + H_2PO_2^-$。

　　磷酸3个H原子都连接在O原子上，这3个H原子都可以电离出来，因此磷酸为三元弱酸；亚磷酸有2个H原子连接在O原子上，可以电离出来，另外1个H原子直接与P原子相连，不可以电离，因此亚磷酸为二元弱酸；次磷酸有1个H原子连接在O原子上，可以电离出来，另外2个H原子直接与P原子相连，不可以电离，因此次磷酸为一元弱酸。亚磷酸和次磷酸的阴阳化学式可以改写为H_2HPO_3和HH_2PO_2，由于只有红色的H原子才能电离，这样从化学式就可以判断它们分别为几元酸。

自我检测十

一、判断题

1. ×。化学反应的条件非常重要，相同的反应物如果条件不同产物可能不同，因此不管是定性还是定量化学反应方程式，都需要标出反应条件。

2. √。由于宏观反应的结果在微观上可以分解为一个个相同的微观单位反应结果，因此微观单位反应的微元（分子）的转化质量比代表宏观物质的质量转化比，而微元（分子）的转化质量比可以用个数转化比来计算。

3. ×。微观单位反应只有结果意义，没有过程意义，不能认为化学反应是按一个个微观单位反应发生的。

4. √。解析同上。

5. ×。由于化学计量数不同，因此同一反应用不同化学方程式表示时，它们的微观单位反应含义不同。

6. ×。对于同一化学方程式，某一时刻的反应进度跟用哪种物质（反应物或生成物）来计算无关，它的计算结果是唯一的。

7. ×。如反应 A = 3 × 反应 B，则 $3\tau_A = \tau_B$。

8. √。当反应进度不再变化时，说明该反应已经达到限度，但不一定停止，如高中阶段学习的可逆反应就属于这样的反应。

二、简答题

1.（1）答：在加热的条件下，2 个 $NaHCO_3$ 微元生成 1 个 Na_2CO_3 微元、1 个 CO_2 微元（分子）和 1 个 H_2O 微元（分子）的反应结果。

（2）答：1 个 CaO 微元和 1 个 H_2O 微元（分子）反应生成 1 个 $Ca(OH)_2$ 微元的反应结果。

（3）答：1 个 Al 微元和 1 个 Fe_2O_3 微元在高温条件下反应生成 1 个 Fe 微元和 1 个 Al_2O_3 微元的反应结果。

三、计算题

1.（1）36.5：40：58.5：18；（2）44：74：100：18；（3）316：197：87：32

2. 解：设需要的空气体积为 $x\,m^3$，则其中含有氧气质量为 $1.29 \times 0.25x\,kg =$ $0.3225x\,kg$。0.8t 的 SO_3 为 800kg。根据其化学方程式得相关物质的质量比列式如下：

$$2SO_2 + O_2 \xrightarrow[\text{高温}]{\text{催化剂}} 2SO_3$$

	32	160
	0.3225xkg	800kg

根据上式得 $0.3225x$kg：$32=800$kg：160（下比上，方便计算），解得 $x=496.1$，即需要 496.1m^3 的空气。

3. 解：（1）根据式（10.1）得：

$$\tau_{微观}=\frac{\Delta m(\text{C})}{a_{\text{C}}M_{\text{r}}(\text{C})\text{g}}N_{\text{A}}^*=\frac{18\text{g}}{1\times12\text{g}}N_{\text{A}}^*=1.5N_{\text{A}}^*$$

（2）同样根据式（10.1）得：

$$\tau_{微观}=\frac{\Delta m(\text{C})}{a_{\text{C}}M_{\text{r}}(\text{C})\text{g}}N_{\text{A}}^*=\frac{\Delta m(\text{CO}_2)}{a_{\text{CO}_2}M_{\text{r}}(\text{CO}_2)\text{g}}N_{\text{A}}^*=\frac{\Delta m(\text{CO})}{a_{\text{CO}}M_{\text{r}}(\text{CO})\text{g}}N_{\text{A}}^*$$

代入数值得：

$$2.5N_{\text{A}}^*=\frac{\Delta m(\text{C})}{1\times12\text{g}}N_{\text{A}}^*=\frac{\Delta m(\text{CO}_2)}{1\times44\text{g}}N_{\text{A}}^*=\frac{\Delta m(\text{CO})}{2\times28\text{g}}N_{\text{A}}^*$$

解得 $\Delta m(\text{C})=30\text{g}$，$\Delta m(\text{CO}_2)=110\text{g}$，$\Delta m(\text{CO})=140\text{g}$

（3）设反应①为 $\text{C}+\text{CO}_2\xrightarrow{\text{高温}}2\text{CO}$，反应②为 $2\text{C}+2\text{CO}_2\xrightarrow{\text{高温}}4\text{CO}$，由于反应② = 反应①×2，故 $\tau(反应②)=\tau(反应①)\div2=1.5N_{\text{A}}^*\div2=0.75N_{\text{A}}^*$

自我检测十一

一、判断题

1. ×。四大基本反应只是化学反应的一部分，不代表所有化学反应。

2. ×。氧化还原反应中化合价升高与降低是同时发生的，不能单方面发生其中一个。

3. √。置换反应肯定发生化合价的变化，因此它一定属于氧化还原反应。

4. ×。原子化合价降低是偏得电子。

5. √。这是电子守恒定律。

6. √。如书中解释。

7. ×。氧化剂被还原而得到还原产物，还原剂被氧化而得到氧化产物。

8. ×。有一部分氧化还原反应是不利的，如食物腐烂和铁的生锈。

二、选择题

1. B。HNO_3 中 N 的化合价为 +5，N_2O 中 N 的化合价为 +1，从 HNO_3 变

为 N_2O 单个 N 原子偏得 4 个电子，由于总共涉及 2 个 N 原子，故总的偏得电子数为 8。

2. C。该反应中，H_2O_2 中 O 的化合价为 -1，有一半化合价升高变为 O_2，有一半化合价降低变为 H_2O，所以 H_2O_2 既是氧化剂又是还原剂，同时发生氧化还原反应，其中 O_2 是氧化产物。该反应可以改变为以下双线桥和单线桥形式：

$$\overset{-1}{H_2O_2} + \overset{-1}{H_2O_2} \xrightarrow{MnO_2} 2\overset{-2}{H_2O} + \overset{0}{O_2}\uparrow \qquad H_2O_2 + H_2O_2 \xrightarrow{MnO_2} 2H_2O + O_2\uparrow$$

偏失 $2 \times 1e^-$ ，偏得 $2 \times 1e^-$ ， $2e^-$

以上双线桥式和单线桥式表明微观单位反应转移的电子数为 2，不是 1。综上所述，只有 C 是正确的。

3. D。NO 中 N 的化合价为 $+2$，如获得 NO 可以用氧化剂氧化 N 化合价低于 $+2$ 的含 N 物质，或用还原剂还原 N 化合价高于 $+2$ 的含 N 物质。根据这个原则，不合理的是 D，应该是用氧化剂氧化 NH_3 才能得到 NO。

三、电子转移表示

（1） $\overset{+3}{Fe_2O_3} + 3\overset{+2}{CO} \xrightarrow{高温} 2\overset{0}{Fe} + 3\overset{+4}{CO_2}$ ， $Fe_2O_3 + 3CO \xrightarrow{高温} 2Fe + 3CO_2$

偏失 $3 \times 2e^-$ ，偏得 $2 \times 3e^-$ ， $6e^-$

（2） $3\overset{+4}{NO_2} + H_2O = 2\overset{+5}{HNO_3} + \overset{+2}{NO}$

偏失 $2 \times 1e^-$ ，偏得 $1 \times 2e^-$

或 $2\overset{+4}{NO_2} + \overset{+4}{NO_2} + H_2O = 2\overset{+5}{HNO_3} + \overset{+2}{NO}$

偏失 $2 \times 1e^-$ ，偏得 $1 \times 2e^-$

$\overset{2e^-}{3NO_2} + H_2O = 2HNO_3 + NO$

或 $\overset{2e^-}{2NO_2} + NO_2 + H_2O = 2HNO_3 + NO$

（2）中反应跟过氧化氢的分解反应类似，NO_2 既是氧化剂又是还原剂，发生自我氧化还原反应，其中作氧化剂的 NO_2 和作还原剂的 NO_2 的个数比是1：2。

四、氧化还原方程式的配平

1.（1）$\boxed{2}$ KI + $\boxed{1}$ Cl$_2$ ═══ $\boxed{2}$ KCl + $\boxed{1}$ I$_2$

（2）$\boxed{2}$ C + $\boxed{1}$ SiO$_2$ $\overset{\text{高温}}{═══}$ $\boxed{1}$ Si + $\boxed{2}$ CO

（3）$\boxed{1}$ MnO$_2$ + $\boxed{4}$ HCl(浓) $\overset{\triangle}{═══}$ $\boxed{1}$ MnCl$_2$ + $\boxed{1}$ Cl$_2$↑ + $\boxed{2}$ H$_2$O

（4）$\boxed{5}$ SO$_2$ + $\boxed{2}$ KMnO$_4$ + $\boxed{2}$ H$_2$O ═══ $\boxed{2}$ MnSO$_4$ + $\boxed{1}$ K$_2$SO$_4$ + $\boxed{2}$ H$_2$SO$_4$

自我检测十二

一、判断下列对物质的认知属于第几微观层次，并填写在相应的括号里。

1. 二。提到原子聚集及聚集力。

2. 一。只提到元素组成。

3. 三。提到了金属镁的原子的排列情况。

4. 二。提到原子聚集及聚集力。

5. 三。提到了金刚石中碳原子的排列情况。

二、

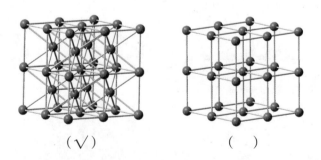

（√）　　　　　　（　）

根据题目信息，左边晶胞结构中每个原子离它最近且距离相等的原子有8个，而右边晶胞结构中的为6个，因此左边的符合题意。